农民教育培训农业部“十二五”规划教材
农业职业技能鉴定培训教材

肥料配方师（高级工）

刘焕龙　主　编

中国农业大学出版社
·北京·

内 容 简 介

《肥料配方师》(高级工)教材共由 6 个部分组成,分别为职业道德和相关法律法规知识、相关基础与专业知识、土壤分析及效果评价、肥效田间试验、配方施肥方案制定与实施(含肥料的选择)和肥料的应用推广与评价。

图书在版编目(CIP)数据

肥料配方师:高级工/刘焕龙主编.—北京:中国农业大学出版社,2013.11(2025.8 重印)

ISBN 978-7-5655-0831-8

Ⅰ.①肥…　Ⅱ.①刘…　Ⅲ.①肥料-配方　Ⅳ.①S147

中国版本图书馆 CIP 数据核字(2013)第 246427 号

书　　名　肥料配方师(高级工)
作　　者　刘焕龙　主编

策划编辑	张　蕊　陈肖安　汪春林	**责任编辑**	张　蕊
封面设计	郑　川	**责任校对**	王晓凤　陈　莹
出版发行	中国农业大学出版社		
社　　址	北京市海淀区圆明园西路 2 号	**邮政编码**	100193
电　　话	发行部 010-62818525,8625	读者服务部	010-62732336
	编辑部 010-62732617,2618	出　版　部	010-62733440
网　　址	http://www.cau.edu.cn/caup	**e-mail**	cbsszs @ cau.edu.cn
经　　销	新华书店		
印　　刷	天津鑫丰华印务有限公司		
版　　次	2014 年 1 月第 1 版　　2025 年 8 月第 3 次印刷		
规　　格	850×1 168　32 开本　5.5 印张　132 千字		
定　　价	29.00 元		

图书如有质量问题本社发行部负责调换

编 写 人 员

主　编　刘焕龙

副主编　张彩月　王振龙

前　言

《肥料配方师》(高级工)以《国家职业标准肥料配方师》为编写依据，详细介绍了职业道德和相关法律法规知识、相关基础与专业知识、土壤分析及效果评价、肥效田间试验、配方施肥方案制订与实施(含肥料的选择)和肥料的应用推广与评价等内容。该书通俗易懂，具有很强的针对性和实用性，是《肥料配方师》(高级工)培训的专用教材，也可作为相关生产技术人员和肥料生产、销售等人员的在职培训与参考用书。

本书由北京农业职业学院副教授刘焕龙、北京大兴区农技站高级农艺师张彩月和农艺师王振龙共同编写，刘焕龙担任主编，张彩月和王振龙担任副主编。山东潍坊职业学院教授曹春英、农业部科技教育司王青立和农业部农民科技教育培训中心陈肖安等同志对教材内容进行了审定，在此一并表示感谢。

由于编写任务紧、时间仓促，加之编者水平所限，本书难免有不妥之处，敬请广大读者批评指正。

编者

2013 年 9 月

目录

一、职业道德和相关法律法规知识

（一）肥料配方师职业守则

1. 敬业爱岗，忠于职守

热爱农业、关心农村、尊敬农民，把为“三农”服务作为自己崇高的使命和责任。热爱所从事的职业，热爱本职工作，忠实地履行岗位职责和义务。

2. 认真负责，实事求是

在工作中忠于职守，一丝不苟，认真仔细，一切从实际出发，理论联系实际，贯彻落实科学发展观。

3. 勤奋好学，精益求精

深入研究本职业专业技术知识和实际操作技能，勤学好问，不断刻苦钻研新技术，不断学习充实自己，进一步提高业务能力。

4. 热情服务，遵纪守法

培养和强化为民、便民、利民意识，待人热情、服务周到。增强法制意识，坚持依法办事，遵守国家相关的法律法规。

5. 规范操作，注意安全

培养科学严谨的工作作风，严格按照各项规范和技术要求进行操作，确保工作质量。掌握安全操作技能以及用电、用水、用气等方面知识，在工作中确保安全。

(二)相关法律法规

本节重点介绍《中华人民共和国农业法》、《中华人民共和国产品质量法》和农业部《肥料登记管理办法》相关条文。

1.中华人民共和国农业法

(1)相关法律规定

1993年7月2日第八届全国人民代表大会常务委员会第二次会议通过,2002年12月28日第九届全国人民代表大会常务委员会第三十一次会议修订。

国家对农药、兽药、饲料和饲料添加剂、肥料、种子、农业机械等可能危害人畜安全的农业生产资料的生产经营,依照相关法律、行政法规的规定实行登记或者许可制度。各级人民政府应当建立健全农业生产资料的安全使用制度,农民和农业生产经营组织不得使用国家明令淘汰和禁止使用的农药、兽药、饲料添加剂等农业生产资料和其他禁止使用的产品。

国家采取宏观调控措施,使化肥、农药、农用薄膜、农业机械和农用柴油等主要农业生产资料和农产品之间保持合理的比价。

国家鼓励、吸引企业等社会力量增加农业科技投入,鼓励农民、农业生产经营组织、企业事业单位等依法举办农业科技、教育事业。

国家扶持农业技术推广事业,建立政府扶持和市场引导相结合,有偿与无偿服务相结合,国家农业技术推广机构和社会力量相结合的农业技术推广体系,促使先进的农业技术尽快应用于农业生产。

农民和农业生产经营组织应当保养耕地,合理使用化肥、农药、农用薄膜,增加使用有机肥料,采用先进技术,保护和提高地力,防止农用地的污染、破坏和地力衰退。县级以上人民政府农业行政主管部门应当采取措施，支持农民和农业生产经营组织加强耕地质量建设，并对耕地质量进行定期监测。

农业生产资料使用者因生产资料质量问题遭受损失的，出售该生产资料的经营者应当予以赔偿，赔偿额包括购货价款、有关费用和可得利益损失。

(2)相关罚则

违反本法规定，侵害农民和农业生产经营组织的土地承包经营权等财产权或者其他合法权益的，应当停止侵害，恢复原状；造成损失、损害的，依法承担赔偿责任。国家工作人员利用职务便利或者以其他名义侵害农民和农业生产经营组织的合法权益的，应当赔偿损失，并由其所在单位或者上级主管机关给予行政处分。

2.中华人民共和国产品质量法

(1)相关法律规定

1993年2月22日第七届全国人民代表大会常务委员会第三十次会议通过 根据2000年7月8日第九届全国人民代表大会常务委员会第十六次会议《关于修改〈中华人民共和国产品质量法〉的决定》修正。

生产者、销售者依照本法规定承担产品质量责任。

禁止伪造或者冒用认证标志等质量标志；禁止伪造产品的产地，伪造或者冒用他人的厂名、厂址；禁止在生产、销售的产品中掺杂、掺假，以假充真，以次充好。

产品质量应当检验合格，不得以不合格产品冒充合格产品。

国家对产品质量实行以抽查为主要方式的监督检查制度，对可能危及人体健康和人身、财产安全的产品，影响国计民生的重要工业产品以及消费者、有关组织反映有质量问题的产品进行抽查。抽查的样品应当在市场上或者企业成品仓库内的待销产品中随机抽取。监督抽查工作由国务院产品质量监督部门规划和组织。县级以上地方产品质量监督部门在本行政区域内也可以组织监督抽查。法律对产品质量的监督检查另有规定的,依照有关法律的规定执行。

对依法进行的产品质量监督检查,生产者、销售者不得拒绝。

依照本法规定进行监督抽查的产品质量不合格的,由实施监督抽查的产品质量监督部门责令其生产者、销售者限期改正。逾期不改正的,由省级以上人民政府产品质量监督部门予以公告;公告后经复查仍不合格的,责令停业,限期整顿;整顿期满后经复查产品质量仍不合格的,吊销营业执照。

产品质量检验机构必须具备相应的检测条件和能力,经省级以上人民政府产品质量监督部门或者其授权的部门考核合格后,方可承担产品质量检验工作。法律、行政法规对产品质量检验机构另有规定的,依照有关法律、行政法规的规定执行。

从事产品质量检验、认证的社会中介机构必须依法设立,不得与行政机关和其他国家机关存在隶属关系或者其他利益关系。

产品质量检验机构、认证机构必须依法按照有关标准,客观、公正地出具检验结果或者认证证明。

生产者的产品质量责任和义务。

生产者应当对其生产的产品质量负责。

产品质量应当符合下列要求:

①不存在危及人身、财产安全的不合理的危险,有保障人体健康和人身、财产安全的国家标准、行业标准的,应当符合该标准。

②具备产品应当具备的使用性能,但是,对产品存在使用性能的瑕疵作出说明的除外。

③符合在产品或者其包装上注明采用的产品标准,符合以产品说明、实物样品等方式表明的质量状况。

产品或者其包装上的标识必须真实,并符合下列要求:

①有产品质量检验合格证明。

②有中文标明的产品名称、生产厂厂名和厂址。

③根据产品的特点和使用要求,需要标明产品规格、等级、所含主要成分的名称和含量的,用中文相应予以标明;需要事先让消费者知晓的,应当在外包装上标明,或者预先向消费者提供有关资料。

④限期使用的产品,应当在显著位置清晰地标明生产日期和安全使用期或者失效日期。

⑤使用不当,容易造成产品本身损坏或者可能危及人身、财产安全的产品,应当有警示标志或者中文警示说明。

裸装的食品和其他根据产品的特点难以附加标识的裸装产品,可以不附加产品标识。

易碎、易燃、易爆、有毒、有腐蚀性、有放射性等危险物品以及储运中不能倒置和其他有特殊要求的产品,其包装质量必须符合相应要求,依照国家有关规定作出警示标志或者中文警示说明,标明储运注意事项。

生产者不得生产国家明令淘汰的产品。不得伪造产地,不得伪造或者冒用他人的厂名、厂址,不得伪造或者冒用认证标志等质量标志。

生产者生产产品,不得掺杂、掺假,不得以假充真、以次充好,不得以不合格产品冒充合格产品。

销售者的产品质量责任和义务:

销售者应当建立并执行进货检查验收制度,验明产品合格证明和其他标识。销售者应当采取措施,保持销售产品的质量。

销售者不得销售国家明令淘汰并停止销售的产品和失效、变质的产品。

销售者不得伪造产地,不得伪造或者冒用他人的厂名、厂址,不得伪造或者冒用认证标志等质量标志。销售者销售产品,不得掺杂、掺假,不得以假充真、以次充好,不得以不合格产品冒充合格产品。

罚则。生产、销售不符合保障人体健康和人身、财产安全的国家标准、行业标准的产品的，责令停止生产、销售，没收违法生产、销售的产品，并处违法生产、销售产品(包括已售出和未售出的产品，下同)货值金额等值以上3倍以下的罚款;有违法所得的，并处没收违法所得;情节严重的，吊销营业执照;构成犯罪的，依法追究刑事责任。

在产品中掺杂、掺假，以假充真，以次充好，或者以不合格产品冒充合格产品的，责令停止生产、销售，没收违法生产、销售的产品，并处违法生产、销售产品货值金额50%以上3倍以下的罚款;有违法所得的，并处没收违法所得;情节严重的，吊销营业执照;构成犯罪的，依法追究刑事责任。

生产国家明令淘汰的产品的，销售国家明令淘汰并停止销售的产品的，责令停止生产、销售，没收违法生产、销售的产品，并处违法生产、销售产品货值金额等值以下的罚款;有违法所得的，并处没收违法所得;情节严重的，吊销营业执照。

销售失效、变质的产品的，责令停止销售，没收违法销售的产品，并处违法销售产品货值金额2倍以下的罚款;有违法所得的，并处没收违法所得;情节严重的，吊销营业执照;构成犯罪的，依法追究刑事责任。

伪造产品产地的，伪造或者冒用他人厂名、厂址的，伪造或者冒用认证标志等质量标志的，责令改正，没收违法生产、销售的产品，并处违法生产、销售产品货值金额等值以下的罚款;有违法所得的，并处没收违法所得;情节严重的，吊销营业执照。

有包装的产品标识不符合规定，情节严重的，责令停止生产、销售，并处违法生产、销售产品货值金额30%以下的罚款;有违法所得的，并处没收违法所得。

拒绝接受依法进行的产品质量监督检查的，给予警告，责令改正;拒不改正的，责令停业整顿;情节特别严重的，吊销营业执照。

产品质量检验机构、认证机构伪造检验结果或者出具虚假证明的，责令改正，对单位处5万元以上10万元以下的罚款，对直接负责的主管人员和其他直接责任人员处1万元以上5万元以下的罚款；有违法所得的，并处没收违法所得；情节严重的，取消其检验资格、认证资格；构成犯罪的，依法追究刑事责任。

产品质量检验机构、认证机构出具的检验结果或者证明不实，造成损失的，应当承担相应的赔偿责任；造成重大损失的，撤销其检验资格、认证资格。

社会团体、社会中介机构对产品质量作出承诺、保证，而该产品又不符合其承诺、保证的质量要求，给消费者造成损失的，与产品的生产者、销售者承担连带责任。

在广告中对产品质量作虚假宣传，欺骗和误导消费者的，依照《中华人民共和国广告法》的规定追究法律责任。

3.《肥料登记管理办法》

第一章　总　则

第一条　为了加强肥料管理，保护生态环境，保障人畜安全，促进农业生产，根据《中华人民共和国农业法》等法律法规，制定本办法。

第二条　在中华人民共和国境内生产、经营、使用和宣传肥料产品，应当遵守本办法。

第三条　本办法所称肥料，是指用于提供、保持或改善植物营养和土壤物理、化学性能以及生物活性，能提高农产品产量，或改善农产品品质，或增强植物抗逆性的有机、无机、微生物及其混合物料。

第四条　国家鼓励研制、生产和使用安全、高效、经济的肥料产品。

第五条　实行肥料产品登记管理制度，未经登记的肥料产品不得进口、生产、销售和使用，不得进行广告宣传。

第六条 肥料登记分为临时登记和正式登记两个阶段：

(一)临时登记：经田间试验后，需要进行田间示范试验、试销的肥料产品，生产者应当申请临时登记。

(二)正式登记：经田间示范试验、试销可以作为正式商品流通的肥料产品，生产者应当申请正式登记。

第七条 农业部负责全国肥料登记和监督管理工作。

省、自治区、直辖市人民政府农业行政主管部门协助农业部做好本行政区域内的肥料登记工作。

县级以上地方人民政府农业行政主管部门负责本行政区域内的肥料监督管理工作。

第二章 登记申请

第八条 凡经工商注册，具有独立法人资格的肥料生产者均可提出肥料登记申请。

第九条 农业部制定并发布《肥料登记资料要求》。

肥料生产者申请肥料登记，应按照《肥料登记资料要求》提供产品化学、肥效、安全性、标签等方面资料和有代表性的肥料样品。

第十条 农业部种植业管理司负责或委托办理肥料登记受理手续，并审查登记申请资料是否齐全。

境内生产者申请肥料临时登记，其申请登记资料应经其所在地省级农业行政主管部门初审后，向农业部种植业管理司或其委托的单位提出申请。

第十一条 生产者申请肥料临时登记前，须在中国境内进行规范的田间试验。

生产者申请肥料正式登记前，须在中国境内进行规范的田间示范试验。

对有国家标准或行业标准，或肥料登记评审委员会建议经农业部认定的产品类型，可相应减免田间试验和/或田间示范试验。

第十二条　境内生产者生产的除微生物肥料以外的肥料产品田间试验，由省级以上农业行政主管部门认定的试验单位承担，并出具试验报告；微生物肥料、国外以及港、澳、台地区生产者生产的肥料产品田间试验，由农业部认定的试验单位承担，并出具试验报告。

肥料产品田间示范试验，由农业部认定的试验单位承担，并出具试验报告。

省级以上农业行政主管部门在认定试验单位时，应坚持公正的原则，综合考虑农业技术推广、科研、教学试验单位。经认定的试验单位应接受省级以上农业行政主管部门的监督管理。试验单位对所出具的试验报告的真实性承担法律责任。

第十三条　有下列情形的肥料产品，登记申请不予受理：

（一）没有生产国使用证明（登记注册）的国外产品；

（二）不符合国家产业政策的产品；

（三）知识产权有争议的产品；

（四）不符合国家有关安全、卫生、环保等国家或行业标准要求的产品。

第十四条　对经农田长期使用，有国家或行业标准的下列产品免予登记：

硫酸铵，尿素，硝酸铵，氰氨化钙，磷酸铵（磷酸一铵、二铵），硝酸磷肥，过磷酸钙，氯化钾，硫酸钾，硝酸钾，氯化铵，碳酸氢铵，钙镁磷肥，磷酸二氢钾，单一微量元素肥，高浓度复合肥。

第三章　登记审批

第十五条　农业部负责全国肥料的登记审批、登记证发放和公告工作。

第十六条　农业部聘请技术专家和管理专家组织成立肥料登记评审委员会，负责对申请登记肥料产品的产品化学、肥效和安全性等资料进行综合评审。

第十七条　农业部根据肥料登记评审委员会的综合评审意见,审批、发放肥料临时登记证或正式登记证。

肥料登记证使用《中华人民共和国农业部肥料审批专用章》。

第十八条　农业部对符合下列条件的产品直接审批、发放肥料临时登记证:

(一)有国家或行业标准,经检验质量合格的产品。

(二)经肥料登记评审委员会建议并由农业部认定的产品类型,申请登记资料齐全,经检验质量合格的产品。

第十九条　农业部根据具体情况决定召开肥料登记评审委员会全体会议。

第二十条　肥料商品名称的命名应规范,不得有误导作用。

第二十一条　肥料临时登记证有效期为一年。肥料临时登记证有效期满,需要继续生产、销售该产品的,应当在有效期满两个月前提出续展登记申请,符合条件的经农业部批准续展登记。续展有效期为一年。续展临时登记最多不能超过两次。

肥料正式登记证有效期为 5 年。肥料正式登记证有效期满,需要继续生产、销售该产品的,应当在有效期满 6 个月前提出续展登记申请,符合条件的经农业部批准续展登记。续展有效期为 5 年。

登记证有效期满没有提出续展登记申请的,视为自动撤销登记。登记证有效期满后提出续展登记申请的,应重新办理登记。

第二十二条　经登记的肥料产品,在登记有效期内改变使用范围、商品名称、企业名称的,应申请变更登记;改变成分、剂型的,应重新申请登记。

第四章　登记管理

第二十三条　肥料产品包装应有标签、说明书和产品质量检验合格证。标签和使用说明书应当使用中文,并符合下列要求:

(一)标明产品名称、生产企业名称和地址;

(二)标明肥料登记证号、产品标准号、有效成分名称和含量、净重、生产日期及质量保证期;

(三)标明产品适用作物、适用区域、使用方法和注意事项;

(四)产品名称和推荐适用作物、区域应与登记批准的一致。

禁止擅自修改经过登记批准的标签内容。

第二十四条　取得登记证的肥料产品,在登记有效期内证实对人、畜、作物有害,经肥料登记评审委员会审议,由农业部宣布限制使用或禁止使用。

第二十五条　农业行政主管部门应当按照规定对辖区内的肥料生产、经营和使用单位的肥料进行定期或不定期监督、检查,必要时按照规定抽取样品和索取有关资料,有关单位不得拒绝和隐瞒。对质量不合格的产品,要限期改进。对质量连续不合格的产品,肥料登记证有效期满后不予续展。

第二十六条　肥料登记受理和审批单位及有关人员应为生产者提供的资料和样品保守技术秘密。

第五章　罚　　则

第二十七条　有下列情形之一的,由县级以上农业行政主管部门给予警告,并处违法所得3倍以下罚款,但最高不得超过30 000元;没有违法所得的,处10 000元以下罚款:

(一)生产、销售未取得登记证的肥料产品;

(二)假冒、伪造肥料登记证、登记证号的;

(三)生产、销售的肥料产品有效成分或含量与登记批准的内容不符的。

第二十八条　有下列情形之一的,由县级以上农业行政主管部门给予警告,并处违法所得3倍以下罚款,但最高不得超过20 000元;没有违法所得的,处10 000元以下罚款:

(一)转让肥料登记证或登记证号的;

(二)登记证有效期满未经批准续展登记而继续生产该肥料产

品的；

(三)生产、销售包装上未附标签、标签残缺不清或者擅自修改标签内容的。

第二十九条　肥料登记管理工作人员滥用职权，玩忽职守、徇私舞弊、索贿受贿，构成犯罪的，依法追究刑事责任；尚不构成犯罪的，依法给予行政处分。

第六章　附　　则

第三十条　生产者办理肥料登记，应按规定交纳登记费。

生产者进行田间试验和田间示范试验，应按规定提供有代表性的试验样品并支付试验费。试验样品须经法定质量检测机构检测确认样品有效成分及其含量与标明值相符，方可进行试验。

第三十一条　省、自治区、直辖市人民政府农业行政主管部门负责本行政区域内的复混肥、配方肥(不含叶面肥)、精制有机肥、床土调酸剂的登记审批、登记证发放和公告工作。省、自治区、直辖市人民政府农业行政主管部门不得越权审批登记。

省、自治区、直辖市人民政府农业行政主管部门参照本办法制定有关复混肥、配方肥(不含叶面肥)、精制有机肥、床土调酸剂的具体登记管理办法，并报农业部备案。

省、自治区、直辖市人民政府农业行政主管部门可委托所属的土肥机构承担本行政区域内的具体肥料登记工作。

第三十二条　省、自治区、直辖市农业行政主管部门批准登记的复混肥、配方肥(不含叶面肥)、精制有机肥、床土调酸剂，只能在本省销售使用。如要在其他省区销售使用的，须由生产者、销售者向销售使用地省级农业行政主管部门备案。

第三十三条　下列产品适用本办法：

(一)在生产、制造有机肥料过程中，添加的用于分解、熟化有机物的生物和化学制剂；

(二)来源于天然物质，经物理或生物发酵过程加工提炼的，具有特定效应的有机或有机无机混合制品，这种效应不仅包括土壤、环境及植物营养元素的供应，还包括对植物生长的促进作用。

第三十四条　下列产品不适用本办法：

（一）肥料和农药的混合物；

（二）农民自制自用的有机肥料。

第三十五条　本办法下列用语定义为：

（一）配方肥是指利用测土配方技术，根据不同作物的营养需要、土壤养分含量及供肥特点，以各种单质化肥为原料，有针对性地添加适量中、微量元素或特定有机肥料，采用掺混或造粒工艺加工而成的，具有很强的针对性和地域性的专用肥料。

（二）叶面肥是指施于植物叶片并能被其吸收利用的肥料。

（三）床土调酸剂是指在农作物育苗期，用于调节育苗床土酸度（或 pH）的制剂。

（四）微生物肥料是指应用于农业生产中，能够获得特定肥料效应的含有特定微生物活体的制品，这种效应不仅包括了土壤、环境及植物营养元素的供应，还包括了其所产生的代谢产物对植物的有益作用。

（五）有机肥料是指来源于植物和/或动物，经发酵、腐熟后，施于土壤以提供植物养分为其主要功效的含碳物料。

（六）精制有机肥是指经工厂化生产的，不含特定肥料效应微生物的，商品化的有机肥料。

（七）复混肥是指氮、磷、钾三种养分中，至少有两种养分标明量的肥料，由化学方法和/或物理加工制成。

（八）复合肥是指仅由化学方法制成的复混肥。

第三十六条　本办法所称“违法所得”是指违法生产、经营肥料的销售收入。

第三十七条　本办法由农业部负责解释。

第三十八条　本办法自发布之日起施行。农业部 1989 年发布、1997年修订的《中华人民共和国农业部关于肥料、土壤调理剂及植物生长调节剂检验登记的暂行规定》同时废止。

复习思考题

1. 肥料配方师职业守则有哪些?
2. 作为肥料配方师应熟悉哪些相关的法律法规?

二、相关的基础知识与专业知识

(一)植物营养与施肥基础知识

1. 植物生长发育必需的营养元素

地球上现发现的化学元素有 100 多种，通过分析在植物体内发现 70 多种元素，但目前世界公认只有 16 种化学元素是植物生长所必需的，它们是碳(C)、氢(H)、氧(O)、氮(N)、磷(P)、钾(K)、钙(Ca)、镁(Mg)、硫(S)、铁(Fe)、硼(B)、锰(Mn)、钼(Mo)、锌(Zn)、铜(Cu)、氯(Cl)。它们是植物生长所必需的是因为：

第一，这些元素是植物完成整个生命周期不可缺少的，当该元素完全缺乏时，植物的营养生长和生殖生长就不能正常进行。

第二，缺乏这种元素后，植物会表现出特有的症状，而且其他任何一种化学元素不能代替其作用，只有补充该元素后症状才能减轻或消失。

第三，这种元素直接参与植物体的新陈代谢，对植物起直接营养作用，而不是改善环境的间接作用。

有些元素虽然不是所有植物生长所必需的，但它是某些植物生长所必需的，如硅是水稻生长发育所必需的。有些对植物的生长发育有促进作用，这些元素称有益元素。目前有益元素已受人们的重视。

各种必需元素在植物体内的含量相差很大，根据这些元素在植物体内的含量多少将其划分为大量元素和微量元素。碳、氢、氧、氮、磷、钾、钙、镁、硫在植物体内含量较多，称大量元素；铁、硼、锰、钼、锌、铜、氯在植物体内含量相对较小,称微量元素。

作物必需的这16种元素中,以碳、氢、氧三种元素需要量最大,占作物体内干物重的95%左右。作物从空气和水中吸收这三种元素,因此叫非矿质元素。作物需要的其他元素叫矿质元素,作物从土壤吸收这些元素,土壤中严重缺乏某种必需元素时,作物就不能生长,如果这种元素的量很少,作物还可以生长,但产量就会非常低。施肥就是为了维持作物必需元素的有效供应,保证作物高产稳产,已成为现代农业生产中的重要技术措施之一。

2.营养元素在作物中的应用形态

(1)氮

作物具有吸收同化无机氮化物的能力。因此,除存在于土壤中的少量可溶性含氮有机物,如尿素、氨基酸、酰铵等外,作物从土壤中吸收的氮素主要是铵盐和硝酸盐,既铵态氮和硝态氮,被吸收到体内的铵态氮,可直接光合作用产物有机酸结合,形成氨基酸,进而形成其他含氮有机物。而硝态氮在体内还原呈铵态氮后才能被吸收利用。植物吸收的氨和硝态氮还原成的氨,在体内不能积累过多,否则会使植物中毒,氨中毒使植物的呼吸作用降低,蛋白质合成受阻。未经还原的硝态氮可以在植物体内积累,如荞麦、烟草等旱地作物和盐土上生长的耐盐植物,都能积累较多的硝酸盐,蔬菜也可在叶片中积累大量的硝酸盐。

(2)磷

过磷酸钙在土壤中的转化:过磷酸钙施入土壤后,最主要的反应是异成分溶解。即在施肥以后,水分向施肥点汇集,使磷酸一钙溶解和水解,形成一种磷酸一钙、磷酸和含水磷酸二钙的饱和溶液。

这时施肥点周围土壤溶液中磷的浓度可高达10~20 mg/kg,使磷酸不断向外扩散。在施肥点,其微域土壤范围内饱和溶液的pH可达1~1.5。在向外扩散的过程中能把土壤中的铁、铝、钙、镁等溶解出来，与磷酸根离子作用，形成不同溶解度的磷酸盐。在石灰性土壤中，磷与钙作用，生成磷酸二钙和磷酸八钙，最后大部分形成稳定的羟基磷灰石。在酸性土壤中，磷酸一钙通常与铁、铝作用形成磷酸铁、铝沉淀，而后进一步水解为盐基性磷酸铁铝。在弱酸性土壤中，磷酸一钙易被黏土矿物吸附固定。在中性土壤中，过磷酸钙主要是转化为 $CaHPO_4 \cdot 2H_2O$ 及溶解的 $Ca(H_2PO_4)_2$，是对作物供磷能力的最佳状态。$CaHPO_4 \cdot 2H_2O$ 是弱酸溶性的，残留在施肥点位置，故过磷酸钙在土壤中移动性很小，水平范围 0.5 cm，纵深不过 5 cm，其当年利用率也很低，通常为 10%～25%。

(3)钾

钾能够促进作物的光合作用，促进作物结果和提高作物的抗寒、抗病能力，从而提高农业产量。钾元素在植物体内以游离钾离子形式存在，它能促进碳水化合物和氮的代谢；控制和调节各种矿物营养元素的活性；活化各种酶的活动；控制养分和水的输送；保持细胞的内压，从而防止植物枯萎。

3.植物营养的吸收

植物主要通过根部吸收养分，也可以通过叶部吸收。无论是根部或是叶部吸收，养分都要通过原生质膜。原生质膜是包围在原生质体表面的一层具有选择性的透性膜，根系吸收的养分主要是溶解在土壤溶液中无机离子，如 NH_4^+、K^+、Ca^{2+}、Mg^{2+}、Fe^{2+}、Fe^{3+}、NO_3^-、$H_2PO_4^-$ 等，还有少量的有机分子，如氨基酸、糖类、植素等。

根系对养分的吸收有主动吸收和被动吸收两种方式。无论是主动吸收或被动吸收，养分离子必须从土体向根表的迁移。

农作物生长需要的营养元素，其中碳、氢、氧可以从空气和水中获得，一般不需要以肥料的形式提供。氮、磷、钾在作物体内含量较高，作物生长吸收得也较多，占作物重的百分之几到千分之几，称为“大量元素”。氮、磷、钾三种元素通常都需要以肥料的形式补充,所以特别称它们为"肥料三要素"。钙、镁、硫一般称为"中量元素"。铜、锌、铁、锰、硼、钼等元素,作物需要量少,称为"微量元素"。一般土壤中含有的中、微量元素都能够满足作物的需要,但对于某些对中、微量元素特别敏感的作物和某些微量元素缺乏较严重的土壤,则必须施用相应的中、微量元素肥料。

4.施肥基本原理

(1)养分归还学说

养分归还学说是施肥的重要理论依据。19世纪中期,德国农业化学家李比希通过大量的植物营养试验印证,并提出了养分归还学说,植物通过不同方式从土壤中吸收矿质养分,随着人们将植物收获物拿走,必然要从土壤中将这部分养分携带走,使土壤养分逐渐减少,连续种植会使土壤贫瘠,为了保持土壤肥力,提高植物产量,就必须把植物带走的矿质养分全部归还给土壤。而施肥则是归还土壤养分的最好的方式。

(2)同等重要、不可替代律

对植物来讲,不论大量元素,还是中量元素或微量元素,在植物生长都是同等重要,缺一不可的。缺少某一种微量元素,尽管它的需要量可能会很少,仍会产生微量元素缺乏症而导致减产。不论微量元素还是大量元素、中量元素,其在植物生长发育中所起的作用都是同等重要的,并不因为需要量的多少而改变其重要性。作物需要的各种营养元素,在作物体内都有一定的功能,相互之间不能代替。缺少什么营养元素,就必须施用含有该营养元素的肥料,施用其他肥料不仅不能解决缺素的问题,有些时候还会加重缺素症状。

(3)最小养分律

最小养分律也是合理施肥的重要理论依据,是德国农业化学家李比希提出的又一重要施肥原理。最小养分律的中心内容为:植物为了生长发育需要吸收各种养分,但是决定植物产量的却是土壤中相对含量最小的有效养分的含量，植物产量也在一定限度内随着这个最小养分的含量的增减而相对地变化。最小养分律通常用装水木桶进行图解(图 2-1)。木桶由代表不同养分含量和因子的木板组成，贮水量的多少(即水平面的高低)表示作物产量的水平，可以看出，作物产量取决于表示最小养分的最短木板的高度。如果不针对性地补充最小养分，即使其他养分增加得再多，也难以提高产量，只能造成肥料的浪费。

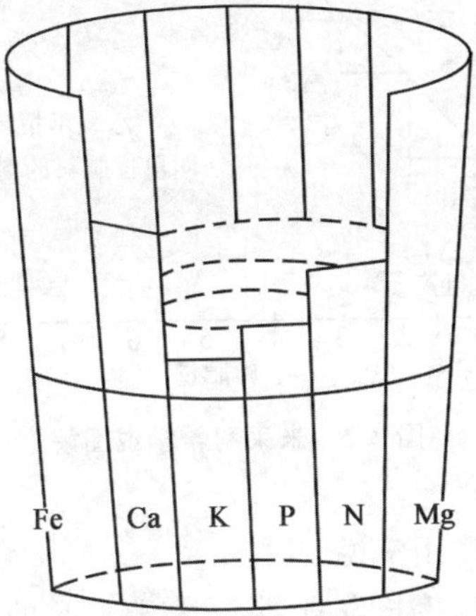

图 2-1　最小养分律木桶图解

(4)报酬递减律与米采利希学说

从一定土地上所得到的报酬随着向该土地投入的劳动和资本量的增大而有所增加，但随着投入的劳动和资本量的增加，单位投入所获得的报酬增加量却是在逐渐递减的。德国农业化学家米采利希把这一经济规律应用到作物产量与施肥量的关系上，得出在其他各项技术条件相对稳定下，随着施肥量的增加作物产量也随之增加，但单位施肥量所获得的增产量却是逐步减少的。在土壤缺肥的情况下，根据作物的需要进行施肥，作物的产量会相应增加。但施肥量的增加与产量的增加并不是正相关关系。当施肥量很低的时候,单位肥料的增产量很大,随着施肥量的增加,单位肥料的增产量呈递减趋势,当施肥量增加到一定程度时,再多施肥料产量也不会增加,此时的产量为最高产量(图 2-2)。

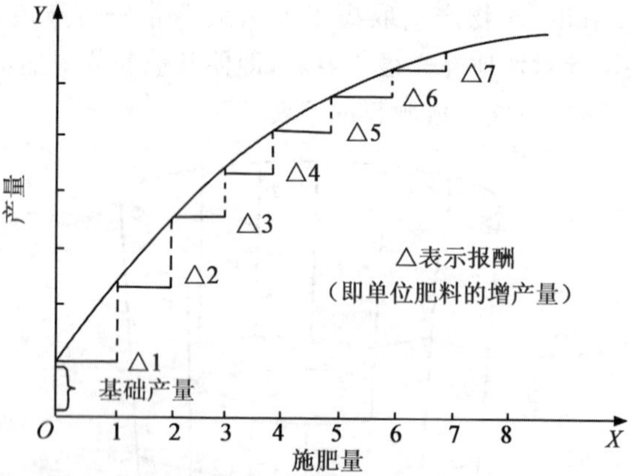

图 2-2　米采利希学说图解

(5)因子综合作用学说

我们知道,作物生长发育,除了需要充足的养分外,还需要温度、水分、光照和空气等诸多因素(因子),每一种因素对作物的生长发育都有同样重要的影响,最小养分律说明了养分对作物产量的影响,如果把影响作物生长发育的因素从养分扩展开来,把每一个影响作物生长发育的因素都考虑进去,就会得到这样一个规律,养分、水分、空气、热量、光照、栽培技术措施等很多因素植物在生长发育,作物的生长状况就取决于这些因素,作物的产量是这些因素综合作用的结果,但其中必然有一个是起主导作用的因素,作物产量在一定程度上受该限制因素的制约。因此,在生产实践中,我们要综合考虑所有影响作物生长发育的因素,为作物提供能够满足生长发育所需要的条件,才能确保在科学合理施肥的基础上,获得最佳的作物产量。

(二)土壤学基础知识

1.土壤特征

土壤是指发育于地球陆地表面,能够生长绿色植物的,具有疏松多孔结构的表层。土壤具有四大特征:①具有一定的物质组成——由固、液、气三相构成的多相混合体系;②具有自己的形成和发展过程,是一个独立的历史自然体——由生物、气候、母质、地形、时间等自然因素和人类活动综合作用下的产物;③具有独特的三维空间形体特征——土壤剖面和土体构型;④具有肥力——能够生长绿色植物(本质特征)。

2.土壤的形成

岩石在自然界环境因素和生物作用下,经过物理的、化学的和生物化学的变化风化成母质(成土母质),成土母质在一定的水分、热量条件和生物作用下,经过一系列物理的、化学的和生物化学的长期作用而形成的,是各种因素综合作用的结果。而这些影响土壤形成和发育的基本因素,被称作土壤形成因素(成土因素)。在地球上未出现生物之前,只进行岩石的风化作用,而且速度极其缓慢。只有在生物特别是高等绿色植物出现后,不仅大大加速了风化作用,而且能累积养分,促进肥力的发展,所以生物的出现也就标志着成土过程的开始。一般来讲,成土过程是在风化过程的基础上进行的,但实际上这两个过程往往交织在一起,很难将其截然分开。

土壤的形成是多种因素综合作用的结果。19 世纪俄国土壤学家 B·B·道库恰耶夫总结认为,自然成土因素主要有五个,即母质、气候、生物、地形、时间。土壤是在这五大成土因素综合作用下形成的。

(1)母质

母质是土壤固相部分的基本材料和物质基础,也是植物矿质营养元素的最初来源。母质对土壤形成的影响主要表现在以下一些方面:首先,母质的矿物组成、理化性状在其他因素的制约下,直接影响着成土过程的速度、性质和方向。其次,母质对土壤理化性质有较大影响。不同母质发育的土壤,其养分状况有所不同。

(2)气候

气候是土壤形成的主要环境因素,对土壤形成关系密切的气象要素主要是热量和降水。气候对土壤形成的影响主要体现在两个方面:一是直接参与母质的风化。水热状况直接影响到矿物质的分解与合成以及物质的累积和淋失。二是控制植物的生长和微生物的活动,影响有机质的累积、分解,决定养分物质循环的速度。

(3)生物

生物是土壤形成的主要因素,在土壤形成过程中起着主导作用。生物除积极参与岩石风化外,还在土壤形成中进行着有机质的合成与分解,只有当母质中出现了微生物和植物时,土壤的形成才真正开始。植物对土壤的形成最主要的是:能累积和集中养分,使养分集中在表层,对肥力的发展意义重大;根系的穿插对土壤结构的形成有重要作用;根系分泌物能引起一系列的生物化学作用和物理化学作用。土壤中的动物参与了一些有机残体的分解破碎作用以及搬运、疏松土壤和母质的作用,某些动物还参与土壤结构的形成,有的脊椎动物能够翻动土壤,改变土壤的剖面层次。土壤中的微生物种类多、数量大,在土壤形成中一方面能促进有机质分解;另一方面又合成腐殖质,其后再进行分解,这样就形成了土壤物质的循环。另外,固氮菌能固定空气中的氮素,有的细菌能促进矿物的分解、增加养分的有效性。

(4)地形

地形是间接的环境因素，对土壤形成和发展的影响与母质、生物、气候的影响不同，它和土壤之间没有物质和能量的交换，它只是影响土壤和环境之间物质和能量交换的一个条件。首先是能影响地表热量和水分的重新分配；其次是能影响到母质的重新分配。

(5)时间

时间是成土作用的强度因素，各种成土因素作用于土壤，都因时间的增长而加强。土壤的形成和发展是在上述母质、气候、生物、地形等成土因素的作用下，随时间的进展而不断运动变化的产物，时间越长土壤的性质及肥力的变化越大。

3.土壤的基本物质组成

土壤是由固相(包括：矿物质、有机质和活的的生物体)、液相和气相三相物质组成的疏松多孔体。

土壤的三相物质共同构成了一个相互联系、相互制约、不断运动的统一体。这些物质的比例关系及其运动变化对土壤肥力有直接影响，它们是土壤肥力的物质基础。

4.土壤肥力

一般认为，土壤肥力是指土壤在植物生长发育过程中，能够同时地不断地供应和协调植物需要的水分、养分、空气、热量和其他生活条件的能力，这种能力是土壤的物理、化学和生物性质的综合反映，因此，通常把土壤水分(水)、土壤养分(肥)、土壤空气(气)和土壤热量(热)称谓土壤的四大肥力因素。“四要素”并非孤立存在，而是相互联系和制约。土壤肥力分为自然肥力和人为肥力，自然肥力由自然因子(五大成土因素)综合作用下发育而来；人为肥力由人为耕作熟化过程(人为耕作、施肥、灌溉及其他技术措施等作用)发育而来。

5.土壤矿物质

土壤固相的主体是土壤矿物质。土壤矿物质是土壤的主要组成物质,构成土壤的“骨骼”,既是为植物提供支持力的植物扎根场所,也是植物所需土壤矿质养分的重要来源。一般占土壤固相重量的95%～98%。土壤矿物质能影响土壤物理性质、化学性质、生物和生物化学性质。土壤矿物质的元素组成很复杂,元素周期表中全部元素几乎都能发现。土壤矿物质的主要元素组成约有20余种,包括:氧、硅、铝、铁、钙、镁、钛、钾、钠、磷、硫及锰、锌、铜和钼等。

土壤矿物质分为原生矿物和次生矿物两大类。

原生矿物是来自于岩石,在岩石风化土壤形成过程中,没有改变化学成分和结构的矿物。土壤中原生矿物主要有:石英、正长石、斜长石、白云母、黑云母、辉石、角闪石和橄榄石等,它们抗风化能力强,不易风化,风化产物矿质养分含量低,是构成土壤大颗粒(如:砂粒和粉砂粒)的主要矿物。

次生矿物则是在岩石风化土壤形成过程中,化学成分和结构发生变化,重新形成的矿物。土壤中次生矿物主要有:层状硅酸盐黏土矿物(如:高岭石、蒙脱石、伊利石)以及铁、铝、硅、锰、钛等的氧化物和含水氧化物,它们易风化,风化产物矿质养分含量高,是构成土壤小颗粒(如:黏粒)的主要矿物,次生矿物以层状硅酸盐黏土矿物为主。

6.土壤有机质

土壤有机质是土壤固相的组成成分之一,尽管土壤有机质仅占土壤重量的很小一部分(我国土壤有机质一般在0.2%～7.5%,大多数土壤有机质含量在0.5%～2.5%),但在土壤肥力、环境保护和农业可持续发展方面却具有十分重要的作用和意义。有机质提供土壤微生物活动所需的碳素和能量,提供植物生长所需的矿质养分,促进土壤养分的有效化,提高土壤的保肥供肥性和酸碱缓冲性,改善土壤的物理性状。土壤有机质含量变异性大,幅度从小于0.5%到高于30%,通常将表层有机质含量大于20%的土壤称为有机质土壤，将表层有机质含量小于20%的土壤称为矿质土壤。

土壤有机质在土壤肥力上起着重要作用，主要表现在：

(1)在提供植物养分和土壤养分方面的作用

土壤有机质可以提供植物所需多种营养元素；土壤有机质中腐殖酸通过酸性和螯合作用还可以活化土壤中部分养分，使之转化成有效养分；此外，土壤有机质还可以保护时入土壤中的肥料中部分有效成分不被土壤固定，从而提高化肥有效性。

(2)在改良土壤理化性质提高土壤肥力方面的作用

土壤有机质可以促进土壤团粒结构形成，进而达到改良土壤质地的作用，改善土壤孔隙状况，协调土壤水、气、热状况，协调土壤供肥与保肥的矛盾；土壤有机质还可以提高土壤的保水性和保肥性；提高土壤对酸碱的缓冲性，改善土壤的氧化还原状况；此外，土壤有机质还可以改良土壤的不良耕作性。

(3)在其他方面的作用

土壤有机质还可以为土壤微生物提供养分与能量，进而参与土壤中的物质转化；土壤有机质还可以降解土壤中某些重金属和农药残留等毒素，净化土壤；土壤有机质中腐殖酸还可以刺激植物生长；土壤有机质还可以提高作物的抗逆性；以及改善农产品质量。

7.土壤生物

土壤生物包括后生动物、原生动物、微生物，其中土壤微生物是土壤生物的主体，其数量巨大，每千克土壤可含5亿个细菌、100亿个放线菌和近10亿个真菌。土壤微生物是土壤肥力的核心，它们直接或间接参与土壤的形成；参与土壤中物质的转化；可以改善土壤热量状况；其代谢产物一部分是土壤生化反应的催化剂，一部分可以刺激植物生长，一部分具有抗病作用，一部分可以活化土壤养分，一部分可以降解土壤毒素，净化土壤。但病原微生物也能传导疾病,导致植物受到伤害。土壤微生物与植物的关系非常密切,对植物的生长非常重要,有的微生物甚至成为植物生命体的一部分。

8. 土壤水分

土壤是一个多孔体系,它是由土粒和粒间孔隙组成,土壤孔隙是土壤水分、空气存在的场所,是物质和能量交换的场所,也是植物根系伸展的空间,土壤动物和微生物活动的场所。土壤水分是土壤重要组成部分,是植物生长发育需水的主要来源。土壤中的物质转运、植物养分的吸收、土壤中各种生化反应都是通过水来完成的,所以,土壤水分是土壤中最活跃的部分之一,也是土壤肥力因素中最活跃的一个因素。土壤水分实际上并非纯水,而是很稀的土壤溶液,它除供作物吸收外对土壤的很多肥力性状都能产生深远的影响,比如:矿质养分的溶解,有机质的分解、合成,土壤的氧化还原状况,土壤的通气状况,土壤的热性质,土壤的机械性能、耕性等都与土壤水分有密切的关系。

9. 土壤空气

土壤空气使土壤的重要组成部分,也是植物生长发育和土壤微生物活动所必需的生活条件。土壤空气和土壤水分共同存在于土壤孔隙中,组成上与大气相似。土壤空气(表层)总是在与大气不断进行气体交换,其含量受土壤水分制约,彼消此长相互影响。土壤空气对植物生长发育和土壤微生物活动,土壤养分的转化,以及土壤水分、热量状况都有很大的影响。土壤空气是土壤重要的肥力因素之一。

10. 土壤的保肥和供肥性能

土壤能吸收保持分子态、离子态或气态、固态养分的能力和特性,称为保肥性能。土壤吸收作用按其吸收机制可分为:机械吸收、物理吸收、化学吸收、生物吸收和离子交换吸收 5 种类型。

土壤的供肥性能指土壤在作物整个生育期内,持续不断地供应作物生长发育所必需的各种速效养分的能力和特性。它是土壤的重要属性,是评价土壤肥力的重要指标。

土壤保肥和供肥性的调节主要有以下几种方法:

一是增加肥料投入,调节土壤胶体状况。采用增施有机肥机肥、秸秆还田和种植绿肥等措施,提高土壤有机质含量,不仅对提高土壤的保肥能力具有重要作用,而且还能提供一定数量的有效养分,提高土壤持续供应养分的能力,改善土壤的供肥性能。合理增施化肥除能促进土壤稳定性有机物质的分解和有效地调节养分供应外,还能有效地提高作物的生物产量,相应地增加秸秆等有机物的归还量,起到“以无机(无机肥)促有机(增加有机质胶体)”的作用。所以,在施用有机肥料的基础上,适当增加化肥的投入,是改善土壤供肥性能,提高土壤保肥性能的基本措施。

二是科学耕作和合理灌排。合理耕作可以提高土壤的通气性和蓄水能力,促进土壤微生物的活动,加速土壤矿物质养分的风化释放和有机质的分解转化,显著地增加土壤有效养分。但耕作过于频繁,又容易造成土壤有机质分解过快和有效养分的过度消耗,必须做到适度、合理,并要与施肥等措施配合。水分条件影响土壤水、气、热的平衡和微生物活动,也在很大程度上左右着植物对养分的吸收。在生产上,干旱缺水,会降低土壤养分的有效性,故施肥必须结合灌水,以充分发挥肥效,促进作物生长;土壤水分过多,又会抑制土壤养分的释放,影响植物对养分的吸收,应及时排出,以透气增温,促进养分转化。

三是调节交换性阳离子组成,改善养分供应状况。土壤胶体吸附的阳离子比例失调,如北方盐碱土中钠离子过多,往往抑制作物对 Ca^{2+}、Mg^{2+}、K^{+} 等养分的吸收,在南方红、黄壤地区,铝、锰离子过多会直接毒害作物。过多的 Na^{+}、Al^{3+} 导致 pH 过高过低,使土壤的某些性质恶化,限制了土壤肥力的发挥,不利于作物的生长。因此,在南方施用适量石灰、草木灰等碱性物质,使土壤的盐基饱和度达70%～80%,pH达到6.0～6.5,也是提高土壤肥力的重要措施。在碱土地区,施用石膏可以改良土壤。

11.土壤结构

土壤中的矿物颗粒,在大多数情况下都不是以单粒状存在,而是在多种因素综合作用下,土粒互相团聚成大小、形状和性质不同的土团、土片和土块等团聚体,这种团聚体称为土壤结构或结构体。

土壤结构不同,土壤中的孔隙特别是通气孔隙所占的比例有显著差异,直接影响土壤水、肥、气、热状况,从而在很大程度上反映土壤的肥力水平。土壤结构状况与耕性也有密切关系,所以它是土壤的重要物理性质之一。依据结构体的几何形状、大小及其肥力特征,土壤结构可划分成以下几个类型:块状结构、核状结构、柱状结构和棱柱状结构、片状结构、团粒结构和粒状结构。

团粒结构是一种良好的结构,具有团粒结构较多的土壤,能协调土壤孔隙状况,协调土壤水分、养分、空气和热量状况,协调土壤有机质积累和消耗、土壤供肥和保肥(土壤养分积累与供应)的矛盾,降低与削弱不良土壤质地(尤其是黏质土)的产生的副作用,更易于耕作。增施有机肥是创造土壤团粒结构,改良土壤理化性质提高土壤肥力的重要措施。

12.土壤耕性与耕作

土壤耕性泛指耕作时土壤所表现出来的特性,它是土壤结持性在耕作上的表现。土壤耕性的好坏可以反映土壤的熟化程度,直接关系到能否给作物创造一个合适的土壤环境和提高劳动效率的问题。耕性的好坏可从以下3个方面来衡量。

一是耕作的难易程度。耕作时土壤对农机具产生的阻力大小不同,可决定人力、畜力和动力的消耗,影响劳动效率。

二是耕作质量的好坏。耕性良好的土壤,耕作时阻力小,耕后疏松、细碎、平整,有利于作物的出苗和根系的发育;耕性不良的土壤,耕作费力,耕后起大坷垃,会影响播种质量、种子发芽和根系生长。

三是宜耕期的长短。即适宜耕作时间的长短。如沙性土宜耕期长,表现为“干好耕,湿好耕,不干不湿更好耕”;黏质土相反,宜耕期很短,表现为“早上软,晌午硬,到了下午锄不动”。错过宜耕期,耕作不仅费力,且质量不好。

(三)土壤理化分析基础知识

1.实验室纯水

(1)纯水的制备

分析工作中需要的纯水量很大,必须注意节约用水、水质检查和正确保存,勿使其受器皿和空气等的污染,必要时装苏打-石灰管防止 CO_2 的溶解沾污。

纯水的制备常用蒸馏法和离子交换法。蒸馏法是利用水与杂质的沸点不同,经过外加热使所产生的水蒸气经冷凝后制得。蒸馏法制得的蒸馏水,由于经过高温处理,不易长霉;但蒸馏器皿多为铜制或锡制,因此蒸馏水中难免有痕量的这些金属离子存在。实验室自制时可用电热蒸馏水器,出水量有 5 L/h、10 L/h、20 L/h 或 50 L/h 等几种,使用尚称方便,但耗电较多,出水速度较小。工厂和浴室利用废蒸汽所得的副产蒸馏水,质量较差,必须先检查后才能使用。

离子交换法可制得质量较高的纯水——去离子水,一般是用自来水通过离子纯水器制得,因未经高温灭菌,往往容易长霉。离子交换树脂是一种不溶性的高分子化合物,当水流通过装有离子交换树脂的交换器时,水中的杂质离子被离子交换树脂所截留。离子交换纯水器可以自己装置,也有商品纯水器供应。水通过交换树脂获得的纯水称离子交换水或去离子水。

(2)纯水的等级

实验室用水的外观应为无色透明的液体。它分为3个等级。一级水,基本上不含有溶解或胶态离子杂质及有机质,它可用二级水经过石英装置重蒸馏、离子交换混合床和0.2 μm的过滤膜等方法制得。二级水,可允许含有微量的无机、有机或胶态杂质。可用蒸馏、反渗透或去离子后再蒸馏等方法制得。三级水,可采用蒸馏、反渗透或去离子等方法制得。

2.试剂的标准、规格、选用和保藏

(1)试剂的标准

我国化学试剂标准分国家标准、部颁标准和企业标准3种,《中华人民共和国国家标准·化学试剂》制定、出版于1965年,其最新的版本在1995年出版。在这3种标准中,部颁标准不得与国家标准相抵触;企业标准不得与国家标准和部颁标准相抵触。

(2)试剂的规格

试剂规格又叫试剂级别或试剂类别。一般按试剂的用途或纯度、杂质的含量来划分规格标准。我国试剂的规格基本上按纯度划分,共有高纯、光谱纯、基准、分光纯、优级纯、分析纯和化学纯7种。国家和主管部门颁布质量指标的主要是优级纯、分析纯和化学纯3种。

①优级纯,属一级试剂,标签颜色为绿色。这类试剂的杂质很低。主要用于精密的科学研究和分析工作。相当于进口试剂“G. R”(保证试剂)。

②分析纯,属于二级试剂,标签颜色为红色,这类试剂的杂质含量低。主要用于一般的科学研究和分析工作。相当于进口试剂的“A. R”(分析试剂)。

③化学纯,属于三级试剂,标签颜色为蓝色。这类试剂的质量略低于分析纯试剂,用于一般的分析工作。相当于进口试剂“C. P”(化学纯)。除上述试剂外,还有许多特殊规格的试剂,如指

示剂、生化试剂、生物染色剂、色谱用试剂及高纯工艺用试剂等。

(3)试剂的选用

土壤理化分析中一般都用化学纯或分析纯试剂配制溶液。标准溶液和标定剂通常都用分析纯或优级纯试剂。微量元素分析一般用分析纯试剂配制溶液,用优级纯试剂或纯度更高的试剂配制标准溶液。精密分析用的标定剂等有时需选用更纯的基准试剂(绿色标志)。光谱分析用的标准物质有时须用光谱纯试剂(S.P, spectroscopic pure),其中近于不含能干扰待测元素光谱的杂质。不含杂质的试剂是没有的,即使是极纯粹的试剂,对某些特定的分析或痕量分析,并不一定符合要求。选用试剂时应当加以注意。如果所用试剂虽然含有某些杂质,但对所进行的实验事实上没有妨碍,若没有特别的约定,那就可以放心使用。不同级别的试剂价格有时相差很大。因此,不需要用高一级的试剂时就不用。相反,有时经过检验,则可用较低级别的试剂,但是一些仲裁分析,必须按其要求选用相应规格的试剂。

(4)试剂的保存

试剂的种类繁多,贮藏时应按照酸、碱、盐、单质、指示剂、溶剂、有毒试剂等分别存放。盐类试剂很多,可先按阳离子顺序排列,同一阳离子的盐类再按阴离子顺序排列。强酸、强碱、强氧化剂、易燃品、剧毒品、异臭和易挥发试剂应单独存放于阴凉、干燥、通风之处,特别是易燃品和剧毒品应放在危险品库或单独存放,试剂橱中更不得放置氨水和盐酸等挥发性药品,否则会使全橱试剂都遭污染。定氮用的浓 H_2SO_4 和定钾用的各种试剂溶液尤需严防 NH_3 的污染,否则会引起分析结果的严重错误。含 NH_3 水和 NaOH 吸收空气中的 CO_2 后,对 Ca、Mg、N 的测定也能产生干扰。开启氨水、乙醚等易挥发性试剂时须先充分冷却、瓶口不要对着人,慎防试剂喷出发生事故。过氧氢溶液能溶解玻璃的碱质而加速 H_2O_2 的分解,所以必须用塑料瓶或内壁涂蜡的玻璃瓶贮藏;

波长为 320～380 nm 的光线也会加速 H_2O_2 的分解,最好贮于棕色瓶中,并藏于阴凉处。高氯酸的浓度在 700 g/kg 以上时,与有机质如纸炭、木屑、橡皮、活塞油等接触容易引起爆炸,500～600 g/kg $HClO_4$ 则比较安全。HF 有很强的腐蚀性和毒性,除能腐蚀玻璃以外,滴在皮肤上即产生难以痊愈的烧伤,特别是滴在指甲上。因此,使用 HF 时应戴上橡皮手套,并在通风橱中进行操作。氯化亚锡等易被空气氧化或吸湿的试剂,必须注意密封保存。

(5)试剂的配制

试剂的配制,按具体的情况和实际需要的不同,有粗配和精配两种方法。

一般实验用试剂,没有必要使用精确浓度的溶液,使用近似浓度的溶液就可以得到满意的结果。如盐酸、氢氧化钠和硫酸亚铁等溶液。这些物质都不稳定,或易于挥发吸潮,或易于吸收空气中的 CO_2,或易被氧化而使其物质的组成与化学式不相符。用这些物质配制的溶液就只能得到近似浓度的溶液。在配制近似浓度的溶液时,只要用一般的仪器就可以。例如:用粗天平来称量物质,用量筒来量取液体。通常只要一位或两位有效数字。这种配制方法叫粗配,近似浓度的溶液要经过用其他标准物质进行标定,才可间接得到其精确的浓度。如酸、碱标准液,必须用无水碳酸钠、苯二甲酸氢钾来标定才可得到其精确的浓度。

有时候,则必须使用精确浓度的溶液。例如:在制备定量分析用的试剂溶液,即标准溶液时,就必须用精密的仪器如分析天平、容量瓶、移液管和滴定管等,并遵照实验要求的准确度和试剂特点精心配制。通常要求浓度具有四位有效数字。这种配制方法叫精配。例如:重铬酸盐、碱金属氧化物、草酸、草酸钠、碳酸钠等能够得到高纯度的物质,它们都具有较大的分子量,贮藏时稳定,烘干时不分解,物质的组成精确地与化学式相符合的特点,可以直接得到标准溶液。

3.常用器皿的性能、选用和洗涤

(1)玻璃器皿

软质玻璃又称普通玻璃,是含有二氧化硅(SiO_2)、氧化钙(CaO)、氧化钾(K_2O)、三氧化二铝(Al_2O_3)、三氧化二硼(B_2O_3)、氧化钠(Na_2O)等制成的。有一定的化学稳定性、热稳定性和机械强度,透明性较好,易于灯焰加工焊接。但热膨胀系数大,易炸裂、破碎。因此,多制成不需要加热的仪器,如试剂瓶、漏斗、量筒、玻璃管等。

硬质玻璃又称硬料,主要成分是二氧化硅(SiO_2)、碳酸钾(K_2CO_3)、碳酸钠(Na_2CO_3)、碳酸镁($MgCO_3$)、硼砂($Na_2BO_7 \cdot 10H_2O$)、氧化锌(ZnO)、三氧化二铝(Al_2O_3)等,也称为硼硅玻璃。硬质玻璃的耐温、耐腐蚀及抗击性能好,热膨胀系数小,可耐较大的温差(一般在300℃左右),可制成加热的玻璃器皿,如各种烧瓶、试管、蒸馏器等。但不能用于B、Zn元素的测定。

(2)瓷、石英、玛瑙、铂、塑料和石墨等器皿

瓷器皿:实验室所用的瓷器皿实际上是上釉的陶器。因此,瓷器的许多性质主要由釉的性质决定。它的熔点较高(1 410℃),可高温灼烧,如瓷坩埚可以加热至1 200℃,灼烧后重量变化小,故常常用来灼烧沉淀和称重。但在蒸发和灼烧的过程中,应避免温度的骤然变化和加热不均匀现象,以防破裂。瓷器皿对酸碱等化学试剂的稳定性较玻璃器皿的稳定性好,然而同样不能和HF接触,过氧化钠及其他碱性溶剂也不能在瓷器皿或瓷坩埚中熔融。

石英器皿:的主要化学成分是二氧化硅,除HF外,不与其他的酸作用。在高温时,能与磷酸形成磷酸硅,易与苛性碱及碱金属碳酸盐作用,尤其在高温下,侵蚀更快,然而可以进行焦磷酸钾熔融。石英器皿对热稳定性好,由于其热膨胀系数较小,只有玻璃的1/15,故而热冲击性好。石英器皿价格较贵,脆而易破裂,使用时需特别小心,其洗涤的方法大体与玻璃器皿相同。

玛瑙器皿:是二氧化硅胶溶体分期沿石空隙向内逐渐沉积成的同心层或平层块体,可制成研钵和杵,用于土壤全量分析时研磨土样和某些固体试剂。玛瑙质坚而脆,使用时可以研磨,但切莫将杵击撞研钵,更要注意勿摔落地上。它的导热性能不良,加热时容易破裂。所以,无论在何种情况下都不得烘烤或加热。玛瑙是层状多孔体,液体能渗入层间内部,所以玛瑙研钵不能用水浸洗,而只能用酒精擦洗。

铂质器皿:铂的熔点很高(1 774℃),导热性好,吸湿性小,质软,能很好地承受机械加工,常用铂与铱的合金(质较硬)制作坩埚和蒸发器皿等分析用器皿。铂的价格很贵,故使用铂质器皿时要特别注意其性能和使用规则。使用铂器皿时应注意下列各点:一是铂器易变形,勿用力捏或与坚硬物件碰撞。变形后可用木制模具整形。二是勿与王水接触,也不得使用 HCl 处理硝酸盐或 HNO_3 处理氯化物。但可与单独的强酸共热。三是不得溶化金属和一切高温下能析出金属的物质、金属的过氧化物、氰化物、硫化物、亚硫酸盐、硫代硫酸盐、苛性碱等,磷酸盐、砷酸盐、锑酸盐也只能在电炉中(无碳等还原性物质)熔融,赤热的铂器皿不得用铁钳夹取(须用镶有铂头的坩埚钳)并放在干净的泥三脚架上。勿接触铁丝。石棉垫也需灼尽有机质后才能应用。四是铂器应有电炉上或喷灯上加热,不允许用还原焰,特别是有烟的火焰加热,灰化滤纸的有机样品时也需先在通风条件下低温灰化,然后再移入高温电炉灼烧。五是铂器皿长久灼烧后有重结晶现象而失去光泽,容易裂损。可用滑石粉的水浆擦拭,恢复光泽后洗净备用。六是铂器皿洗涤可用单独的 HCl 或 HNO_3 煮沸溶解一般的难溶的碳酸盐和氧化物,而酸的氧化物可用 $K_2S_2O_7$ 或 $KHSO_4$ 熔融,硅酸盐可用碳酸钠、硼砂熔融,或用 HF 加热洗涤。熔融物需倒入干净的容器,切勿倒入水盆或湿缸,以防爆溅。

银、镍、铁器皿:铁镍的熔点高(分别为 1 535℃和 1 452℃),银的熔点较低(961℃),对强碱的抗蚀力较强(Ag>Ni>Fe),价较廉。这3种金属器皿的表面却易氧化而改变重量,故不能用于沉淀物的灼烧和称重。它们最大的优点是可用于一些不能在瓷或铂坩埚中进行的样品熔融,例如:Na_2O_2 和 NaOH 熔融等,一般只需700℃左右,仅约10 min即可完成。熔融时可用坩埚钳,夹好坩埚和内容物,在喷灯上或电炉内转动,勿使底部局部太热而易致穿孔。铁坩埚一般可熔融15次以上,虽较易损坏,但价廉还是可取的。

塑料器皿:普通塑料器皿一般是用聚乙烯或聚丙烯等热塑而成的聚合物。低密度的聚乙烯塑料,熔点108℃。加热不能超过70℃,高密度的聚乙烯塑料,熔点135℃,加热不能超过100℃,它的硬度较大。它们的化学稳定性和机械性能好,可代替某些玻璃、金属制品。在室温下,不受浓盐酸、氢氟酸、磷酸或强碱溶液的影响,只有被浓硫酸(大于600 g/kg)、浓硝酸、溴水或其他强氧化剂慢慢侵蚀。有机溶剂会侵蚀塑料,故不能用塑料瓶贮存。而贮存水、标准溶液和某些试剂溶液比玻璃容器优越,尤其适用于微量物质分析。

聚四氟乙烯的化学稳定性和热稳定性好,是耐热性能取好的有机材料,使用温度可达250℃。当温度超过415℃时,急剧分解。它的耐腐蚀性好,对于浓酸(包括HF)、浓碱或强氧化剂,皆不发生作用。可用于制造烧杯、蒸发皿、表面皿等。聚四氟乙烯制的坩埚能耐热至250℃(勿超过300℃),可以代替铂坩埚进行HF处理,塑料器皿对于微量元素和钾、钠的分析工作尤为有利。

石墨器皿:石墨是一种耐高温材料,即使达到2 500℃左右,也不熔化,只在3 700℃(常压)升华为气体。石墨有很好的耐腐蚀性,无论有机或无机溶剂都不能溶解它。在常温下不与各种酸、碱发生化学反应,只有在500℃以上才与硝酸强氧化剂等反应。此外,石墨的热膨胀系数小,耐急冷热性也好。其缺点是耐氧化性能差，随温度的升高，氧化速度逐渐加剧。常用的石墨器皿有石墨坩埚和石墨电极。

(四)土壤调查基础知识

1. 土壤理化性状调查

(1)土壤质地

土壤质地也叫土壤机械组成或土壤颗粒组成，是指各粒级土壤颗粒在土壤中所占的百分比。土壤质地是土壤的重要属性，对于土壤的理化性质和土壤肥力状况都有很大影响，对于肥料在土壤中的变化也有很大影响，是土壤调查中必不可少的内容。土壤质地分类，目前一般采用前苏联卡庆斯基土壤质地分类标准(表2-1)，共计三大土壤质地类别九个土壤质地名称。

表 2-1　前苏联卡庆斯基土壤质地分类标准　　%

土壤质地名称		物理性黏粒含量(≤0.01 mm)		
		灰化土类	草原土及红黄壤类	碱化土及碱土类
沙质土	松沙土	0～5	0～5	0～5
	紧沙土	5～10	5～10	5～10
壤质土	沙壤土	10～20	10～20	10～15
	轻壤土	20～30	20～30	15～20
	中壤土	30～40	30～45	20～30
	重壤土	40～50	45～60	30～40
黏质土	轻黏土	50～65	60～75	40～50
	中黏土	65～80	75～85	50～65
	重黏土	80～100	85～100	65～100

不同土壤质地具有不同的肥力特征。

沙质土(包括：沙壤土)：沙粒含量高而黏粒含量少，土壤中大孔隙多，小孔隙少，总孔隙度小；土壤通透性强，保蓄性弱，空气充足而水分少，土壤排水性好，易干旱；矿物养分含量低，且养分不易积累，有机质转化以矿质化过程为主，施肥见效快、肥劲猛，但后劲不足，肥效短，施肥要“少”施“勤”施，多施用有机肥；因水少气多，土壤温度变化快，且温度变化幅度大，早春升温快，故有“热性土”之称，而晚秋降温快，易使作物发生冻害；物理机械性（黏结性、黏着性、胀缩性和可塑性等）差，易耕作，耕作质量好，易耕期长；因通透性能好而不易产生还原性毒害物质；作物易扎根，出苗“早、齐、全、壮”，但到作物生长后期，肥水供应不充足，易使作物早衰，故有“发小苗，不发老苗”之称。

黏质土：其性质与沙质土相反。黏粒含量高而砂粒含量少，土壤中小孔隙多，大孔隙少，总孔隙度大；土壤通透性弱，保蓄性强，水分充足而空气少，土壤排水不畅，易涝；矿物养分含量高，且养分易积累，有机质转化以腐殖化过程为主，施肥见效慢，但肥劲平稳肥效长，施肥可适当一次性多施，施肥次数减少，多施用有机肥；因水多气少，土壤温度变化慢，且温度变化幅度小，早春升温慢，故有“冷性土”之称；物理机械性（黏结性、黏着性、胀缩性和可塑性等）较强，难耕作，耕作质量差，易耕期短；因通透性能差而易产生还原性毒害物质；作物不易扎根，出苗“晚、不整齐、不全、弱”，但到作物生长后期，肥水供应充足，易使作物贪青，故有“发老苗，不发小苗”之称。

壤质土：性质介于沙质土和黏质土之间，兼有沙质土和黏质土的优点，而无沙质土和黏质土的缺点，是较理想的土壤质地。而沙质土和黏质土都是不良土壤质地。

（2）土体构型

土体构型是指从地表向下 1.5 m 土体中各种不同质地和其他层次的排列。耕作土壤土体分为四层，用表土层（0～20 cm）、心土层（20～60 cm）、腰土层（60～100 cm）、底土层（100～150 cm）表示。

(3)土壤容重

自然状态下,单位体积土壤(包括孔隙)的烘干土质量,叫土壤容重,单位:g/cm^3。土壤容重一般变幅在 1.0～1.8 g/cm^3。土壤容重受土壤质地、结构和松紧度和土壤有机质含量等影响而发生变化。土壤容重对土壤的其他理化性状和土壤肥力有很大影响。

(4)土壤孔隙性

①土壤孔隙性。土壤孔隙性(土壤孔隙状况)包括土壤孔隙数量(土壤孔隙度)和土壤中各类型孔隙的比例两个方面。土壤孔隙性是土壤重要的物理性质,对于土壤肥力有多方面的影响。土壤孔隙性的好坏主要取决于土壤质地、土壤有机质含量、土壤结构和土壤松紧度。

②土壤孔隙度。自然状态下,所有土壤孔隙体积占土壤总体积的百分数,叫作土壤(总)孔隙度(土壤孔度)。

土壤孔隙度是土壤的主要物理性质之一,对土壤肥力有多方面的影响。孔隙度良好的土壤,能够同时满足作物对水分和空气的要求,有利于养分状况调节和植物根系伸展。一般土壤孔隙度变幅在 30%～60%,适于作物生长的土壤耕层总孔隙度为 50%～60%,通水孔隙在 10%以上。土壤耕层孔隙度平均为 52.3%,通气孔隙度平均为 10.6%。

不同土壤质地土壤孔隙度不同,沙质土土壤总孔度为 33%～45%,孔隙较均一,以通气孔隙为主;黏质土土壤总孔度为 45%～60%,孔隙也较均一,以毛管孔隙和非活性孔隙为主;壤质土土壤总孔度为 45%～52%,大、小孔隙分配较为合理。

(5)土壤供肥性和保肥性

①土壤吸收保肥性。土壤能吸收保持某种固态、液态或气态物质的分子或离子的能力和性质,叫作土壤吸收保肥性能。土壤吸收性是土壤具有保持水分、养分的基础,也叫作土壤吸收保肥

性。土壤阳离子交换量是影响土壤吸收保肥性能的重要因素。

②土壤阳离子交换量。土壤阳离子交换量(CEC)是指土壤溶液中性时,土壤所能吸收的全部交换性阳离子的最大量,通常用每千克烘干土壤所能吸收的阳离子(按一价计算)的厘摩尔数表示。单位:cmol/kg(+)。

土壤阳离子交换量也叫吸收容量,是衡量土壤离子交换吸收作用大小的指标,直接影响土壤保肥性能和供肥性能。土壤阳离子交换量受土壤质地和有机质含量影响较大。

③土壤供肥性能。土壤供肥性是指土壤提供给植物生长发育所需养分的能力,主要由土壤养分含量和土壤中迟效态养分转化为速效性养分的速率构成。

(6)土壤酸碱性

土壤酸碱性是土壤在形成过程中,受各种成土因素综合作用所产生的重要属性,土壤酸碱性对土壤微生物活性及其土壤中物质(特别是土壤养分)转化,土壤养分的有效性都有很大影响。

衡量土壤酸碱性的指标是土壤酸碱度,常用土壤 pH 来表示。我国土壤酸碱性(酸碱反应)大多数 pH 4.5～8.5,在地理分布上有"(东)南酸(西)北碱"的规律。北京地区是石灰性土壤,土壤 pH 为 7.5～8.5。

土壤的酸碱度直接影响土壤微生物的活性,进而影响土壤中的物质转化。土壤酸碱度对土壤养分的影响主要通过影响土壤中的化学反应和微生物活动来实现的,对于土壤有机质转化和一部分营养元素的转化产生较大的影响。此外,土壤酸碱度对土壤阳离子交换量有较大影响,从而影响土壤的吸收保肥性。再有,土壤酸碱度对土壤结构有较大影响,进而影响土壤水、气、热状况,对土壤养分的转化及其有效性也产生间接影响。

2.土壤肥力状况调查

土壤肥力是指土壤在植物生长发育过程中能连续供应与协调植物正常生长发育所需的养分和水分、空气和热量等生活条件的能力。

土壤肥力是土壤的基本属性和本质特征,是土壤为植物生长供应和协调养分、水分、空气和热量的能力,土壤肥力是土壤物理、化学和生物学性质的综合反应。四大肥力因素有:养分、水分、空气、热量。

土壤肥力是土壤物理、化学、生物化学和物理化学特性的综合表现,也是土壤不同于母质的本质特性。包括:自然肥力、人工肥力和二者相结合形成的经济肥力。自然肥力是由土壤母质、气候、生物、地形等自然因素的作用下形成的土壤肥力,是土壤的物理、化学和生物特征的综合表现。它的形成和发展,取决于各种自然因素质量、数量及其组合适当与否。自然肥力是自然再生产过程的产物,是土地生产力的基础,它能自发地生长天然植被。人工肥力是指通过人类生产活动,如:耕作、施肥、灌溉、土壤改良等人为因素作用下形成的土壤肥力。土壤的自然肥力与人工肥力结合形成的经济肥力,才能为人类生产出充裕的农产品。经济肥力是自然肥力和人工肥力的统一,是在同一土壤上两种肥力相结合而形成的。仅仅具有自然肥力的土壤,不存在人类过去劳动的任何痕迹。而具有经济肥力的土壤,由于其中包括人工肥力,则凝结有人类的劳动。由于人工肥力是凭借人的生产活动形成的,人们就可以利用一切自然条件和社会条件促使人工肥力的形成,并加快潜在肥力转化,使土地尽快投入生产。人类的生产活动是创造人工肥力,充分发挥自然肥力作用的动力。土壤肥力经常处于动态变化之中,土壤肥力变好变坏既受自然气候等条件影响,也受栽培作物、耕作管理、灌溉施肥等农业技术措施以及社会经济制度和科学技术水平的制约。农业生产上，能为植物或农作物即时利用的自然肥力和人工肥力叫“有效肥力”，不能即时利用的叫“潜在肥力”。潜在肥力在一定条件下可转化为有效肥力。

依据拟定的土壤肥力指标，对土壤肥力水平评定的等级称为土壤肥力分级。分级的目的是掌握不同土壤的增产潜力，揭示出它们的优点和存在的缺陷，为施肥、改良土壤提供科学依据。参评项目一般包括土壤环境条件(地形、坡度、覆被度、侵蚀度)，土壤物理性状(土层厚度、耕层厚度、质地、障碍层位)，土壤养分(有机质、全氮、全磷、全钾)储量指标、养分有效状态(速效磷/全磷、速效钾/全钾)等。项目的具体选择，可根据土壤类别而定。评级方法有累计积分法和数理统计法等。评定结果可划分瘦土、熟土、肥土和油土等级别。

土壤肥力监测即观测土壤肥力因子动态变化的过程。土壤水、肥、气、热等肥力因子，随着气候，水文等自然环境条件的变化以及农业生产活动的影响，不断地产生变化，有些变化对植物生长发育有利，有些变化则不利。掌握土壤肥力因子的动态变化，及时预测和调控，可使土壤肥力的发展与作物的需求经常处于协调状态，以取得作物高产稳产的效果。

在我国农村目前看来，适当休耕和施用有机肥是保持土壤肥料的重要措施，如果目光短浅地通过大量施用化肥来催产，这样的过度耕种在数年内就可能造成土壤肥力衰竭，土地沙漠化、盐碱化。

3. 土壤养分状况调查

一般通过在当地土肥部门查阅资料或进行土壤分析。

4. 土地利用状况

土地利用状况依据土地的用途、经营特点、利用方式和覆盖特征等因素进行分类。全国土地利用现状采用两级分类,其中一级分8类,二级分46类。具体可参考全国农业区划委员会制定的《土地利用现状调查技术规程》。

5.施肥现状

(1)化肥增产贡献依然突出

化肥对我国粮食生产的贡献率超过40%。有关专家研究表明,每千克纯养分平均增加粮食产量7.7 kg。1 kg氮增产9.4 kg粮食,1 kg尿素增产4 kg粮食、1.5 kg油料。

(2)化肥施用量稳定增长

2009年,我国化肥施用总量达5 404万t(折合成纯养分)。按照种植业用地(耕地18.26亿亩+园地2亿亩)计算,亩均化肥施用量为26.7 kg;按照种植业面积25.5亿亩计算,亩均化肥施用量为21.2 kg,均高于世界平均水平和发达农业国家。2004—2009年的6年间年均增幅3%左右。

(3)肥料施用结构发生变化

据对农户调查,目前我国粮田亩均施肥量21 kg,其中氮13 kg、磷5 kg、钾3 kg;菜田亩均施肥量35 kg,其中氮19 kg、磷10 kg、钾6 kg。随着测土配方施肥技术的推广,我国施肥结构得到改善,氮肥使用比例有所下降,磷、钾肥施用比例上升,配方肥、复混肥施用比例加大。通过实施土壤有机质提升项目,加快了有机肥资源的开发利用,各类有机肥投入明显增加。

(4)施肥水平差异较大

从区域施肥量看,东部高西部低;从作物用肥情况看,园艺作物高粮食作物低。目前,16.5亿亩粮食作物与9亿亩经济园艺作物的化肥使用总量几乎各占一半。

(五)实验室安全知识

1.实验室规则和须知

在实验室工作的人员应时刻保持冷静、沉着、细心,严格遵守一切规章制度,正确地进行每项分析手续,预防事故,保证安全。

①实验室内必须保持整齐,清洁,严禁高声喧闹。

②实验室内绝对禁止饮食和吸烟。每个工作人员饮食前都必须洗手。

③实验室内药品即使很纯(例如,食盐、糖等),也绝不可以尝试。

④配好试剂后立即贴上标签,用剩的药品不能倒入原瓶,以防沾污整瓶药品。

⑤剧毒性药品(例如,氰化钾、汞、氧化砷、马钱子碱等)要有专人负责保管,使用时不得以吸管用嘴直接吸取,用完后的器皿须立即冲洗。

⑥易燃、易爆药品应与其他药品分别贮存,必须远离火种。挥发性药品打开瓶塞时应先冷却,然后瓶口向无人处开启,以免液体喷溅,并不得接近瓶口闻之。

⑦浓碱、浓酸不能直接中和,稀释浓硫酸时应将浓硫酸徐徐倒入冷水中,并不停搅拌使混合均匀,绝不能将水倒入浓硫酸中。

⑧爱护仪器,不浪费药品,节约水电。精密仪器或贵重仪器应专人保管。

⑨注意安全用电,用电时不得超过负荷,严禁随便使用不符规格的保险丝,用电完毕后随即关闭电门,使用喷灯或酒精灯时,不能在燃烧的情况下补加酒精,以防止着火危险。

⑩实验室工作结束后需检查水电。

2.实验室急救措施

表 2-2　常用实验室急救措施

种类		急救措施
灼伤	火灼	一度烫伤(发红):把棉花用酒精(无水或 90%～96%)浸湿,盖于伤处或用麻油浸过的纱布盖敷; 二度烫伤(起泡):用上述处理也可,或用 30～50 g/L 高锰酸钾或 50 g/L 现制丹宁溶液如上法处理; 三度烫伤:用消毒棉包扎,请医生诊治
灼伤	酸灼	1.若强酸溅洒在皮肤或衣服上,用大量水冲洗,然后用 50 g/L 碳酸氢钠洗伤处(或用 1+9 氢氧化铵洗之) 2.若为氢氟酸灼伤时,用水洗伤口至苍白,用新鲜配制 20 g/L 氧化镁甘油悬液涂之 3.眼睛酸伤,先用水冲洗,然后再用 30 g/L 碳酸氢钠洗眼,严重者请医生医治
灼伤	碱灼	强碱溅洒在皮肤和衣服上,用大量水冲洗,可用 20 g/L 硼酸或 20 g/L 醋酸洗之; 眼睛碱伤先用水冲洗,并用 20 g/L 硼酸洗,严重者请医生诊治
创伤		若伤口不大,出血不多,可用 3%双氧水将伤口周围擦净,涂上红汞或碘酒,必要时撒上一些磺胺消炎粉。严重者须先涂上紫药水,然后撒上消炎粉,用纱布按压伤口,立即就医缝治
中毒		1.一氧化碳、乙炔、稀氨水及灯用煤气中毒时,应将中毒者移至空气新鲜流通处(勿使身体着凉),进行人工呼吸、输氧或二氧化碳混合气体 2.生物碱中毒,用活性炭水浊液灌入,引起呕吐 3.汞化物中毒,若误入口,应吃生鸡蛋或牛奶(约 1 L)引起呕吐 4.苯中毒,若误入口,应服腹泻剂,引起呕吐,吸入者进行人工呼吸,输氧 5.苯酚(石炭酸)中毒,大量饮水、石灰水或石灰粉水,引起呕吐 6.NH_3 中毒,若口服应饮带有醋或柠檬汁的水,或植物油、牛奶,蛋白质引起呕吐 7.酸中毒,饮入苏打($NaHCO_3$)水和水,食氧化镁,引起呕吐 8.氟化物中毒,饮 20 g/L 氯化钙,引起呕吐 9.氰化物中毒,饮糨糊、蛋白、牛奶等,引起呕吐 10.高锰酸盐中毒,饮糨糊、蛋白、牛奶等,引起呕吐
其他		1.各种药品失火:如果电失火,应先切断电源,用二氧化碳或四氯化碳等灭火,油或其他可燃液体着火时,除以上方法外,应用沙或浸湿的衣服等扑灭 2.如果是工作人员触电,不能直接用手拖拉,离电源近的应切断电源,如果离电源远,应用木棒把触电者拨离电源,然后把触电者放在阴凉处,进行人工呼吸,输氧

技能训练

1. 试剂种类的识别。

2. 试剂配制。

复习思考题

1. 请说出植物生长所必需的营养元素共多少种？分别是什么？

2. 什么是土壤肥力？

3. 什么是土壤质地？

4. 什么是土壤孔隙度？

5. 什么是土壤容重？

6. 什么是土壤阳离子交换量？

7. 什么是土壤吸收保肥性？

8. 什么是土壤供肥性能？

9. 叙述沙质土、壤质土和黏质土的肥力特征。

10. 叙述土壤有机质在土壤肥力上的作用。

11. 说出养分归还学说、最小养分律和米采利希学说（报酬递减律）等施肥基本原理的内容。

三、土壤分析及结果评价

(一)土壤样品采集与制备

1.田间土壤样品采集的方法

(1)采样原则

田间取样所遵从的原则是:尽可能使所采样品能最大限度地反映其所代表区域田块的实际状况,否则,所取得的数据就失去了其应用价值。因此,田间取样要充分考虑。

①田间取样的时间。土壤成土过程会造成土壤性状在时间上的变异。比如:分析土壤肥力情况,一般适宜在晚秋或早春采样。

②田间取样的选点与布点。土壤的不均一性特点,诸如地形变化、侵蚀状况、施肥措施以及人为活动对土壤产生的影响,是造成采样误差的最主要原因。一般情况下,采样误差要比分析误差高得多,为保证样品的代表性,采样前要进行现场勘察和有关资料的收集根据土壤类型、肥力等级和地形等因素将研究范围划分为若干个采样单元,每个采样单元的土壤要尽可能均匀一致:还要保证有足够多的采样点,使之能充分代表采样单元的土壤特性,采样点的多少,取决于研究范围的大小,研究对象的复杂程度和试验研究所要求的精密度等因素。

③采集图样的工具与方法。要有效控制采样带来的各种系统误差和人为误差,要选择标准核实的采样工具,比如:采集测定金

属含量的土样，就不能选择金属制采样工具和样品存储袋，采集土样的方法须使在一个复杂的区内的任何一点上，均能取得所需深度的均一的、等体积的土壤样品。

(2)采集方法

土壤样品的采集方法，根据分析目的不同而有差别。如果要研究整个土体的发生发育，则必须按土壤发生层次采样；如果要进行土壤物理性质的测定，需采原状土样品；如果研究耕层土壤的理化性质、养分状况，则应选择代表性田块，在耕作层多点采取混合样品，如有必要，还可在耕作层以下再采一层混合样品。混合样品的采集方法，样点的数目和分布，应视田块的形状、大小、土壤肥力状况、研究目的和要求的精细程度等而有不同，一般有下列 3 种采样方法。

①对角线采样法

田块面积较小，接近方形，地势平坦，肥力较均匀的田块可用此法(图 3-1)，取样点不少于 5 个。

②棋盘式采样法

面积中等，形状方整，地势较平坦，而肥力不太均匀的大田块宜采用此法(图 3-2)，取样点不少于 10 个。

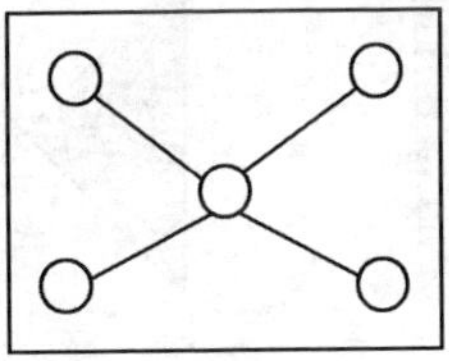

图 3-1　对角线采样法

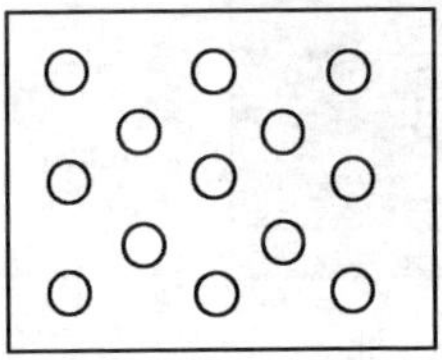

图 3-2　棋盘式采样法

③蛇形采样法

适用于面积较大,地势不太平坦,肥力不均匀的田块(图 3-3)。按此法采样,在田间是曲折前进来分布样点,至于曲折的次数则依田块的长度、样点密度而有变化,一般在 3～7 次。

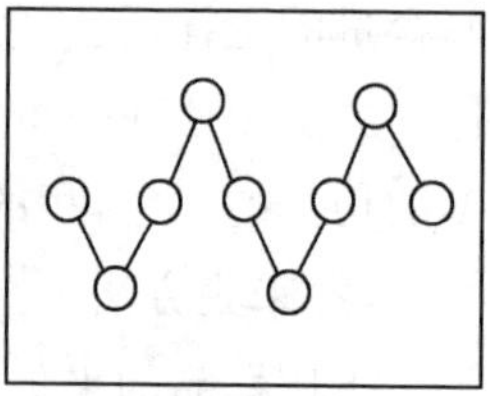

图 3-3　蛇形采样法

到达田间以后,先要确定采样方法,如果是采集耕作层土壤,则先在样点部位把地面的作物残茬、杂草、石块等除去。如果是新耕翻的土地,就将土壤略加踩实,以免挖坑时土块散落。用铁铲挖一个小坑,坑的一面修成垂直的切面,再用铁铲垂直向下切取一片土壤,采样深度应等于耕作层的深度,用采土刀把大片切成宽度一致的长方形土块。各个土坑中取的土样数量要基本一致,合并在一起,装入干净的布袋,携回室内。一般每个混合样品需 1 kg 左右,如果样品取得过多,可用四分法将多余的土壤弃去。四分法的做法是:将采集的土壤样品放在干净的塑料薄膜上弄碎,混合均匀并铺成四方形,划分对角线,分成四份,保留对角的两份,其余两份弃去,如果保留的土样数量仍很多,可再用四分法处理,直至对角的两份达到所需数量为止(图 3-4)。

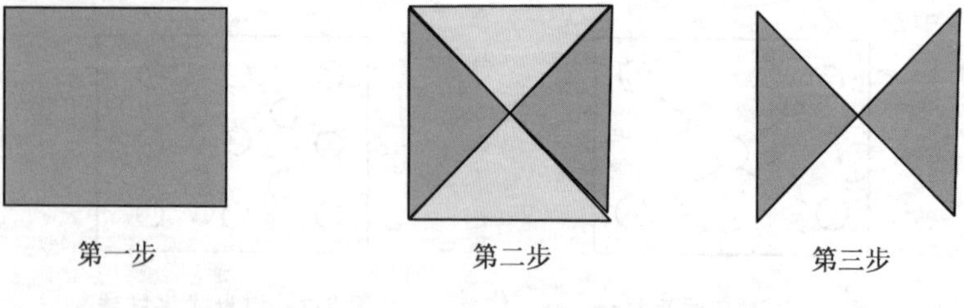

图 3-4　四分法取样步骤图

将土样装入布袋或塑料袋中,用铅笔写两张标签,一张放在布袋内,将有字的一面向里叠好,字迹不得搞模糊;另一张扎在布袋外面。标签上应该填写样品编号(采样地点、土壤名称、采样深度,采样日期、采样人等)。

在撒播作物田里挖坑时,应选择作物长势较均匀的地方作为采样点,在中耕作物田里挖坑时,应在株间和行间的几种不同部位进行,在作物生长期间如不允许挖坑损害多量植株时,则改用土钻(或取土器)取土,但要适当增加取样点数目。

应避免在田边、路边、沟边、特殊的地形部位以及堆放肥料的地方采样。当发现土壤存在差异,如有盐碱斑,或作物生长不正常时,则就分别取样,以便单独进行分析和研究。

对果园土壤采样,根据分析目的不同而有差异。如要进行土壤农化性质的分析,可以选定能代表果园的果树 5~6 株,从距各树干 30 cm 左右的内侧选 2~3 个点,分别取表土(即主根系区,在 0~20 cm 深度)和下层土(在 30~50 cm 深处),从 2~3 个点取出的表土和下层土样分别进行混合,或分别分析每个点试样。采样时应将覆盖在表层未分解的有机物、杂草等清除后,再开始采样。当果树由于某种原因出现异常症状,而又可能是土壤为媒介引起的,采集土壤分析样品时,应准确区别健壮树和异常树,分别选 5~6 株,采集根际及其下层土壤样品;各样点土壤不要混合,分别测定。

(3)采样量的确定

要确定在一个采样区要采多少点才能达到精度的要求,决定于所要研究的性状的变异程度和要达到的精度。在一般情况下一个采样区内的采样点可在 20~30 个范围内。田块在 0.5 hm^2 以下时,可采 10 个样点即可。

(4)样品标签的填写

样品采集和缩分后,立刻装入土样袋中(土样袋一般选择布料或聚乙烯材料制作),并在袋内外各放一个标签,上面用铅笔写明编号、采集地点、地形、土壤名称、时间、深度、采集人等。采完后将采样坑或钻眼填平。

从野外采回的土样,经登记编号后,一般都需经过一个处理过程风干、磨细、过筛、混匀、装瓶,以备各项测定之用。但有些只能在水分饱和状态测定的项目,则必须在水分饱和时测定,是不能风干的,另外有些成分如低价铁、氨态氮、硝态氮等在风干过程中会起很大的变化,这些成分的分析一般均用新鲜样品,所以要区别对待。新鲜样品一般不宜贮存如需暂时贮存时,可将新鲜样品装入塑料袋,扎进袋口,放在冰箱冷藏室或进行速冻处理。在处理样品的每个过程中都要特别注意防止酸、碱、气体、灰尘的污染,以及接触金属器而引起的样品污染。

样品制备好后,瓶内外各具标签一张,写明编号、采样地点、土壤名称、采样深度、样品粒径、采样日期、采样人及制样时间、制样人等项目,制备好的样品要妥善贮存,在全部分析工作结束,分析数据核实无误后,试样一般还要保存 3～6 个月,以备查询,少数有价值需要长期保存的样品,须保存于广口瓶中,用蜡封好瓶口。

(5)采集注意事项

土壤样品采集和制备是土壤理化分析的重要环节。采样过程中引起的误差往往比室内分析引起的误差大得多,因此,必须采集有代表性的土样。样品的采集和制备必须严格认真地进行,否则尽管以后分析工作很精细,仍不能得出正确的结果。

从野外采回来的土壤样品,常常含有砾石、根系等杂物,土粒又相互黏聚在一起,这就会影响分析结果的准确性,所以在进行分析前,必须经过一定的制备处理。

经风干处理后的土壤含有吸湿水,而土壤样品中吸湿水含量随空气相对湿度的变化而变化;另外,土壤质地不同,吸湿水含量也存在差异。换句话说，风干土壤质量是不断在变化的，也即同等质量的烘干土样品，在不同环境条件中，其质量是不同的。因此，在一般土壤分析工作中，测定结果的计算都不以风干土质量为基数，而是以烘干土质量为基数。而分析时一般都用风干土样，故土样分析（全氮量和有机质含量等全量养分测定）前必须先测定吸湿水含量，以便把风干土质量换算成烘干土质量。

2. 土壤样品的制备

鲜样与风干样制备、分析样的制备、样品的保存。

土壤样品的制备分为鲜样、风干样和分析样的制备。

（1）制样室要求

制样室应设在向阳（但严防阳光直射样品）、通风、整洁、无扬尘、无易挥发化学物质的房间。为便于晾样，面积最好不小于 10 m^2。

（2）制样所需的工具与容器

晾样用白色搪瓷盘；敲样用木槌、压样用木棒；磨样用样品研磨机、玛瑙研磨机或玛瑙研钵、白色搪瓷研钵；过筛用尼龙筛，规格为 20～100 目；装样用具塞磨口玻璃瓶、具塞无色聚乙烯塑料瓶或特制牛皮纸袋（装样量不低于 200 g）；装样用牛角勺；样品标签。

（3）鲜样制备程序

鲜样制备一般用于硝态氮的测试，其他测试一般均采用风干土样。

①去杂：对采回的土样，首先应刮除土壤以外的侵入体（如：植物残根，昆虫尸体和砖头、石块等）和新生体（如：铁锰结核和石灰结核等）。

②样品缩分：将晾干敲碎的样品反复混合均匀，然后铺成一圆形，过圆心画十字线将圆分为四等份，取对角线两份（另两份弃去），照此方法继续缩分，最终留 500 g 左右制样。

③在冰箱内冷冻保存。

(4)风干样制样程序

①土样接交:采样人将样品送交管理人员后,样品管理人应进行样品登记,然后填写制样通知单交制样人员,制样人员按下列步骤制样。

②湿样晾干:在晾干室将湿样放置晾样盘中,摊成 2 cm 厚的薄层,并间断地用木槌敲碎、翻拌、拣出碎石,沙砾及植物残体等杂质。

③一个样品准备四个装样瓶(或样品袋),把装样瓶洗净晾干,填好样品标签并贴好(20 目二瓶,60 目一瓶,100 目一瓶),标签均一式两份,瓶外贴一份,瓶内装一份。

④样品缩分:将晾干敲碎的样品反复混合均匀,然后铺成一圆形,过圆心画十字线将圆分为四等份,取对角线两份(另两份弃去),照此方法继续缩分,最终留 500 g 左右制样。

⑤样品粗磨:将风干样于白色搪瓷盘中用木槌、木棒再次压碎样品,全部过 20 目尼龙筛。过筛后的样品全部置于有机玻璃板上混匀。

⑥样品细磨:取粗磨样品 100 g,用磨样机或研钵磨至全部过 60 目尼龙筛;再取粗磨样品 100 g,用磨样机或研钵磨至全部过 100 目尼龙筛。

⑦样品分装:将过 20 目、60 目和 100 目样品分别装入相应的样品瓶中(各 100 g),作为检测样品,剩余的约 200 g 过 20 目筛样品装入另一个样品瓶中,作为自备库存样备用。20 目筛(孔径 0.9 mm)粗磨样可直接用于土壤 pH、土壤代换量、土壤速测养分含量、元素有效性含量分析;过 60 目筛(孔径 0.25 mm)样品用于农药或土壤有机质、土壤全氮等分析;过 100 目(孔径 0.149 mm)土样,用于土壤重金属和元素全量分析。

⑧样品制完后,检查所有样品编号、标签、粒径、标签填写等无

误，将库存样和检测样一并交样品保管人，双方签字认可。若样品需外送检测，则将检测样送检测单位，库存样自己保存。

风干样品的操作应在通风的室内进行，应严禁暴晒，并防止酸、碱等气体及灰尘对样品的污染。将风干的土样平铺在平整的木板或塑料板上，用木棍或塑料棍压碎（供微量元素分析用的土样，宜采用塑料板、棒碾压）。对未通过筛子的土粒，必须重新压碎过筛孔为止；过筛后的土样应进一步混匀。

(5)分析样制备

分析样为供化学分析用的土样，其制备步骤与风干样制备步骤相同，分析样的制备又因分析项目不同而对土样细度有不同的要求，细度要根据分析项目的要求而定。例如：测定土壤 pH、交换性能以及有效性养分等 项目，一般需用通过 10 目筛的土样，如果磨得过细，容易破坏土壤矿物晶粒，使分析结果偏高。同时要注意，分析这些项目时，磨土的作用主要是使团粒或结粒分散成单粒，但不能破坏单个的矿物晶粒。因此，碾压土样只能用木棍或塑料棍，而不能用金属锤敲打，否则矿物胶粒破碎后，暴露出新的表面，可能不合理地增加有效性养分的浸出。

(6)制样注意事项

①晾样时不得将样品铺放在报纸等不洁净的纸张上。

②样品不得在阳光下直接暴晒。

③因时间关系需烘干样品时，需在 45℃以下烘烤。

④不得在晾样前缩分样品。

⑤制样中，采样时的土壤样品标签与土壤样品始终放在一起，严禁混错；每个样品经风干、磨碎、分装后送到实验室的整个过程中，使用的工具与盛样容器的编号必须始终一致，以免搞错。

⑥制样所用工具每制备一份样品后擦洗一次，严防交叉污染。

⑦样品保存制备土样需专人保管，检测时领用。

⑧制备土样按不同编号、不同粒径分类存放于样品库，保存半

年至一年。库存样至少保存一年才可弃去。

⑨土壤样品库经常保持干燥、通风,无阳光直射、无污染。

⑩要定期检查样品,防止潮湿、霉变、鼠害及土壤标签脱落等。

土壤样品采集后,在进行室内土壤理化性质分析的测定之前,必须对野外采集的土壤样品进行制备。土壤样品制备过程中规范操作是保证分析结果如实反映客观实际的前提条件。因为分析数据能不能代表样品总体,关键在于最终所用的少量称样的代表性。如果样品制备不规范,那么任何精密的仪器和熟练的分析技术都将毫无意义。对采回的土样,首先应刮除土壤以外的侵入体(如植物残根,昆虫尸体和砖头石块等)和新生体(如铁锰结核和石灰结核等),之后尽快将其风干。具体做法是:将土样平铺在晾土架或木板上让其自然风干,为防止污染,木板上应衬垫干净的白纸,尤其是供微量元素分析用的土样,严禁用旧报纸衬垫。干燥过程可以在低于40℃并有空气环流的条件下进行,也可以利用鼓风干燥箱,但需注意干燥箱内不同部位温度的差异。当土样达到半干状态时,需及时将大土块捏碎,以免干后结成硬块,不易压碎,这点对于黏性土壤尤为重要。

土壤矿质成分的全量分析及有机质、全氮等分析的结果,不受样品磨细的影响。为了使样品容易分解或熔化,需要将样品磨得更细一些,因而要将已通过10目筛的土样,用四分法取出一部分,磨细并使之全部通过100目筛或60号筛。应当注意的是分取样品时,必须将通过10目筛的全部土样用四分法或多点法分取,而不能在其中随意挖取一部分进行磨细;否则,将降低取出土样的代表性。此外,还要注意碾磨工具的选择,细碾时不宜用瓷碾钵,它可能使硅、铁、铝等全量分析的结果偏高,玛瑙碾钵则较为理想。如果全量分析采用酸溶法,尤其是当有精密仪器(例如,用原子吸收光谱仪或等离子光谱仪等)配合进行分析时经常采用微量法,则称样量更少,对土样细度的要求更高,一般要求土样通过200目筛，否则不仅称样误差加大，而且熔化时间也加长。供微量金属元素测定的土样，要用尼龙过筛，不能用金属丝的网筛，以免污染样品。对于这种要求极细土样的碾磨过筛，更需注意必须使原样品全部通过筛孔，绝不允许将难以磨细的粗粒部分弃去，否则将造成样品组成的改变而失去原有的代表性。

(二)土壤大量元素养分测定方法

1.土壤有机质含量测定

土壤有机质测定法 NY/T 85—1988(原 GB 9834—1988)，本标准适用于测定土壤有机质含量在 15%以下的土壤。

(1)测定原理

用定量的重铬酸钾-硫酸溶液，在电砂浴加热条件下，使土壤中的有机碳氧化，剩余的重铬酸钾用硫酸亚铁标准溶液滴定，并以二氧化硅为添加物作试剂空白标定，根据氧化前后氧化剂质量差值，计算出有机碳量，再乘以系数 1.724 即为土壤有机质含量。

(2)仪器、设备

①分析天平：感量 0.000 1 g。

②电砂浴。

③磨口三角瓶：150 mL。

④磨口简易空与冷凝管：直径 0.9 cm，长 19 cm。

⑤定时钟。

⑥自动调零滴定管：10.00 mL、25.00 mL。

⑦小型日光滴定台。

⑧温度计：200～300℃。

⑨铜丝筛：孔径 0.25 mm。

⑩瓷研钵。

(3)试剂

除特别注明者外,所用试剂皆为分析纯。

①重铬酸钾(GB 642—1977)。

②硫酸(GB 625—1977)。

③硫酸亚铁(GB 664—1977)。

④硫酸银(HG 3—945—1976):研成粉末。

⑤二氧化硅(Q/HG 22—562—1976):粉末状。

⑥邻菲啰啉指示剂:称取邻菲啰啉 1.490 g 溶于含有 0.700 g 硫酸亚铁的 100 mL 水溶液中。此指示剂易变质,应密闭保存于棕色瓶中备用。

⑦0.4 mol/L 重铬酸钾-硫酸溶液:称取重铬酸钾 39.23 g,溶于 600～800 mL 蒸馏水中,待完全溶解后加水稀释至 1 L,将溶液移入 3 L 大烧杯中,另取 1 L 密度为 1.84 g/cm^3 的浓硫酸,慢慢地倒入重铬酸钾水溶液内,不断搅动,为避免溶液急剧升温,每加约 100 mL 硫酸后稍停片刻,并把大烧杯放在盛有冷水的盆内冷却,待溶液的温度降到不烫手时再加另一份硫酸,直到全部加完为止。

⑧重铬酸钾标准溶液:称取经 130℃烘 15 h 的优级纯重铬酸钾 9.807 g,先用少量水溶解,然后移入 1 L 容量瓶内,加水定容。此溶液浓度 $c_1(1/6\ K_2Cr_2O_7) = 0.200\ 0$ mol/L。

⑨硫酸亚铁标准溶液:称取硫酸亚铁 56 g 溶于 600～800 mL 水中,加浓硫酸 20 mL,搅拌均匀,加水定容至 1 L(必要时过滤),贮于棕色瓶中保存。此溶液易受空气氧化,使用时必须每天标定一次准确浓度。

硫酸亚铁标准溶液的标定方法如下:

吸取重铬酸钾标准溶液(8)20 mL,放入 150 mL 三角瓶中,加浓硫酸 3 mL 和邻菲啰啉指示剂 3～5 滴,用硫酸亚铁溶液滴定,根据硫酸亚铁溶液的消耗量,计算硫酸亚铁标准溶液浓度 c_2。

$$c_2=\frac{c_1\times V_1}{V_2}$$

式中：c_2——硫酸亚铁标准溶液的浓度，mol/L；

c_1——重铬酸钾标准溶液的浓度，mol/L；

V_1——吸取的重铬酸钾标准溶液的体积，mL；

V_2——滴定时消耗硫酸亚铁溶液的体积，mL。

(4)样品的选择和制备

①选取有代表性风干土壤样品，用镊子挑除植物根叶等有机残体，然后用木棍把土块压细，使之通过 1 mm 筛。充分混匀后，从中取出试样 10～20 g 磨细，并全部通过 0.25 mm 筛，装入磨口瓶中备用。

②对新采回的水稻土或长期处于渍水条件下的土壤，必须在土壤晾干压碎后，平摊成薄层，每天翻动一次，在空气中暴露 1 周左右后才能磨样。

(5)测定步骤

①按表 3-1 有机质含量的规定称取制备好的风干试样 0.05～0.5 g，精确到 0.000 1 g。置入 150 mL 三角瓶中，加粉末状的硫酸银 0.1 g，然后用自动调零滴定管，准确加入 0.4 mol/L 重铬酸钾-硫酸溶液 10 mL 摇匀。

表 3-1　不同土壤有机质含量称样量

有机质含量(%)	试样质量(g)
2 以下	0.4～0.5
2～7	0.2～0.3
7～10	0.1
10～15	0.05

②将盛有试样的三角瓶装一简易空冷凝管，移置已预热到 200～230℃的电砂浴上加热(图 3-5)。当简易空冷凝管下端落下

第一滴冷凝液,开始计时,消煮(5±0.5)min。

③消煮完毕后,将三角瓶从电砂浴上取下,冷却片刻,用水冲洗冷凝管内壁及其底端外壁,使洗涤液流入原三角瓶,瓶内溶液的总体积应控制在 60～80 mL 为宜,加 3～5 滴邻菲啰啉指示剂,用硫酸亚铁标准溶液滴定剩余的重铬酸钾。溶液的变色过程是先由橙黄变为蓝绿,再变为棕红,即达终点。如果试样滴定所用硫酸亚铁标准溶液的毫升数不到空白标定所耗硫酸亚铁标准溶液毫升数的 1/3 时,则应减少土壤称样量,重新测定。

④每批试样测定必须同时做 2～3 个空白标定。取 0.500 g 粉末状二氧化硅代替试样,其他步骤与试样测定相同,取其平均值。

(6)结果计算

①土壤有机质含量 X(按烘干土计算),由下式计算:

$$X=\frac{(V_0-V)\times c_2\times 0.003\times 1.724}{m}\times 100\%$$

式中:X——土壤有机质含量,%;

V_0——空白滴定时消耗硫酸亚铁标准溶液的体积,mL;

V——测定试样时消耗硫酸亚铁标准溶液的体积,mL;

c_2——硫酸亚铁标准溶液的浓度,mol/L;

0.003——1/4 碳原子的摩尔质量数,g/mol;

1.724——由有机碳换算为有机质的系数;

m——烘干试样质量,g。

平行测定的结果用算术平均值表示,保留三位有效数字。

②允许差:当土壤有机质含量小于 1%时,平行测定结果的相差不得超过 0.05%;含量为 1%～4%时,不得超过 0.10%;含量为 4%～7%时,不得超过 0.30%,含量在 10%以上时,不得超过 0.50%。

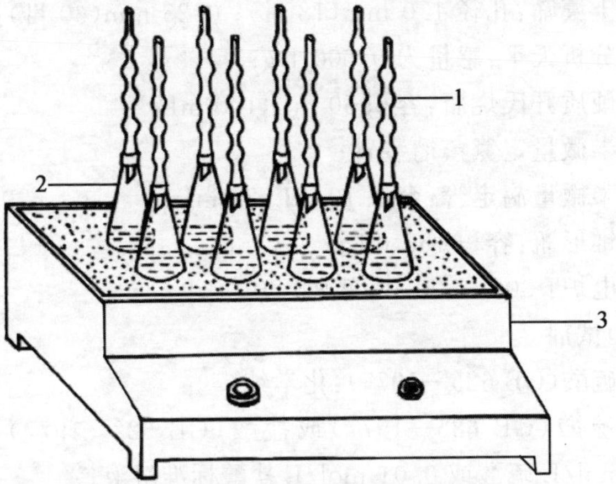

图 3-5　土壤有机质测定电砂浴加热装置

1——空气冷凝管　2——三角瓶　3——电砂浴

2.土壤全氮量测定

土壤全氮量测定（半微量开氏法）NY/T 53—1987（原 GB 7173—1987）。

（1）测定原理

样品在混合加速剂（K_2SO_4 ∶ $CuSO_4$ ∶ Se 为 100 ∶ 10 ∶ 1）的参与下，用浓硫酸消煮时，各种含氮有机化合物，经过复杂的高温分解反应，转化为铵态氮。碱化后蒸馏出来的氨用硼酸吸收，以酸标准溶液滴定，求出土壤全氮含量（不包括全部硝态氮）。

包括硝态和亚硝态氮的全氮测定，在样品消煮前，需先用高锰酸钾将样品中的亚硝态氮氧化为硝态氮后，再用还原铁粉使全部硝态氮还原，转化成铵态氮。

（2）仪器、设备

①土壤样品粉碎机；

②玛瑙研钵；

③土壤筛:孔径 1.0 mm(18 目);0.25 mm(60 目);

④分析天平:感量为 0.000 1 g;

⑤硬质开氏烧瓶:容积 50 mL,100 mL;

⑥半微量定氮蒸馏装置;

⑦半微量滴定管:容积 10 mL,25 mL;

⑧锥形瓶:容积 150 mL;

⑨电炉:300～500 W 变温电炉。

(3)试剂

①硫酸(GB 625—1977):化学纯;

②硫酸(GB 625—1977)或盐酸(GB 622—1977):分析纯,0.005 mol/L 硫酸或 0.01 mol/L 盐酸标准溶液;

③氢氧化钠(GB 629—1981):工业用或化学纯,10 mol/L 氢氧化钠溶液;

④硼酸-指示剂混合液;

a. 硼酸(GB 628—1978):分析纯,2%溶液(*W*/*V*);

b. 混合指示剂:0.5 g 溴甲酚绿(HG 3—1220—79)和 0.1 g 甲基红(HG 3—958—76)于玛瑙研钵中,加入少量 95%乙醇,研磨至指示剂全部溶解后,加 95%乙醇至 100 mL。使用前,每升硼酸溶液中加 20 mL 混合指示剂,并用稀碱调节至红紫色(pH 约 4.5)。此液放置时间不宜过长,如在使用过程中 pH 有变化,需随时用稀酸或稀碱调节之。

⑤加速剂:100 g 硫酸钾(HG 3—920—76,化学纯),10 g 五水合硫酸铜(GB 665—1978,化学纯),1 g 硒粉(HG 3—926—76)于研钵中研细,必须充分混合均匀;

⑥高锰酸钾溶液:25 g 高锰酸钾(GB 643—1977)溶于别 500 mL 无离子水,贮于棕色瓶中;

⑦1+1 硫酸;

⑧还原铁粉:磨细通过孔径 0.15 mm(100 目)筛;

⑨辛醇。

(4)土壤样品的制备

将通过孔径 1 mm(18 目)筛的土样，在牛皮纸上铺成薄层，划分成多个小方格。用小勺于每个方格中，取等量的土样(总量不得少于 20 g)于玛瑙研钵中研磨，使之全部通过 0.25 mm 筛。混合均匀后备用。

(5)测定步骤

①称取风干土样(通过 0.25 mm 筛) 1.0 g(含氮约 1 mg)，同时测定土样水分含量；

②土样消煮。

a. 不包括硝态和亚硝态氮的消煮：将土样送入干燥的凯氏瓶底部，加少量无离子水(0.5～1 mL)湿润土样后，加入 2 g 加速剂和 5 mL 浓硫酸，摇匀。将凯氏瓶倾斜置于 300 W 变温电炉上，用小火加热，待瓶内反应缓和时(10～15 min)，加强火力使消煮的土液保持微沸，加热的部位不超过瓶中的液面，以防瓶壁温度过高而使铵盐受热分解，导致氮素损失。消煮的温度以硫酸蒸气在瓶颈上部 1/3 处冷凝回流为宜。待消煮液和土粒全部变为灰白稍带绿色后，再继续消煮 1 h。消煮完毕，冷却，待蒸馏。在消煮土样的同时，做两份空白测定，除不加土样外，其他操作皆与测定土样时相同。

b. 包括硝态和亚硝态氮的消煮：将土样送入干燥的 50 mL 凯氏瓶底部，加 1 mL 高锰酸钾溶液，摇动凯氏瓶，缓缓加入 2 mL 1∶1 硫酸，不断转动凯氏瓶，然后放置 5 min，再加入 1 滴辛醇。通过长颈漏斗将(0.5±0.01)g 还原铁粉送入凯氏瓶底部，瓶口盖上小漏斗，转动凯氏瓶，使铁粉与酸接触，待剧烈反应停止时(约 5 min)，将凯氏瓶置于电炉上缓缓加热 45 min(瓶内土液应保持微沸，以不引起大量水分丢失为宜)。停火，待凯氏瓶冷却后，通过长颈漏斗加 2 g 加速剂和 5 mL 浓硫酸，摇匀。按(1)的步骤，消煮至土液全部变为黄绿色,再继续消煮 1 h。消煮完毕,冷却,待蒸馏。在消煮土样的同时,做两份空白测定。

③氨的蒸馏。

a. 蒸馏前先检查蒸馏装置是否漏气,并通过水的馏出液将管道洗净。

b. 待消煮液冷却后,用少量无离子水将消煮液定量地全部转入蒸馏器内,并用水洗涤凯氏瓶 4～5 次(总用水量不超过 30～35 mL)。

于 150 mL 锥形瓶中,加入 5 mL 2%硼酸-指示剂混合液,放在冷凝管末端,管口置于硼酸液面以上 3～4 cm 处。然后向蒸馏室内缓缓加入 20 mL 10 mol/L 氢氧化钠溶液,通入蒸汽蒸馏,待馏出液体积约 50 mL 时,即蒸馏完毕。用少量已调节至 pH 4.5 的水洗涤冷凝管的末端。

c. 用 0.005 mol/L 硫酸(或 0.01 mol/L 盐酸)标准溶液滴定馏出液由蓝绿色至刚变为红紫色。记录所用酸标准溶液的体积(mL)。空白测定所用酸标准溶液的体积,一般不得超过 0.4 mL。

(6)测定结果的计算

①计算公式。

$$\text{土壤全氮}=\frac{(V-V_0)\times c_{\mathrm{H}}\times 0.014}{m}\times 100\%$$

式中:V——滴定试液时所用酸标准溶液的体积,mL;

V_0——滴定空白时所用酸标准溶液的体积,mL;

c_{H}——酸标准溶液的浓度,mol/L;

0.014——氮原子的毫摩质量;

m——烘干土样质量,g。

②平行测定结果,用算术平均值表示,保留小数点后三位。

③平行测定结果的相差:土壤含氮量大于 0.1%时,不得超过 0.005%;含氮 0.1%～0.06%时,不得超过 0.004%;含氮小于

0.06%时，不得超过0.003%。

3.土壤碱解性氮含量测定

碱解扩散法是《土壤理化分析》(中国科学院南京土壤所)和《土壤农业化学常规分析法》(李酉开)推荐方法。

(1)测定原理

在特制的扩散皿中用1.2 mol/L NaOH水解土壤样品，使有效态氮碱解转化为氨态氮，并在碱性中以氨气逸出，经硼酸吸收，再用标准盐酸或硫酸溶液滴定，计算出水解性氮的含量。(此方法不包括土壤中硝态氮)加入锌-硫酸亚铁($Zn:FeSO_4 \cdot 7H_2O$为10:50，研磨成粉状，每2 g土样加1 g；也可直接用硫酸亚铁研成粉末替代锌-硫酸亚铁。)可将土壤中硝态氮还原，再用1.8 mol/L NaOH水解土壤样品，可测定包括土壤硝态氮的土壤水解性氮含量。

(2)仪器、设备

①扩散皿：外室外径10 cm，内室外径4 cm；

②半微量酸式滴定管：5 mL；

③恒温箱：工作温度(40±1)℃。

(3)试剂

①1.8 mol/L NaOH溶液：称取氢氧化钠(NaOH，GB 629—1981，化学纯)72 g，用去离子水溶解后，冷却，稀释至1 L(适用于包括土壤中硝态氮测定)；

②1.2 mol/L NaOH溶液：称取氢氧化钠48 g，用去离子水稀释至1 L(适用于不包括土壤中硝态氮测定)；

③硼酸-指示剂混合液；

a.硼酸(GB 628—1978)：分析纯，2%溶液(*W*/*V*)；

b.定氮混合指示剂：0.5 g溴甲酚绿(HG 3—1220—79)和0.1 g甲基红(HG 3—958—76)于玛瑙研钵中，加入少量95%乙醇，研磨至指示剂全部溶解后，加95%乙醇至100 mL。使用前，每升硼酸溶液中加 20 mL 混合指示剂,并用稀碱调节至红紫色(pH 约 4.5)。此液放置时间不宜过长,如在使用过程中 pH 有变化,需随时用稀酸或稀碱调节之。

④特制胶水:40 g 粉状阿拉伯胶溶于热至 70～80℃ 50 mL 去离子水中,搅拌促溶,冷却后,加入 20 mL 甘油(GB 687—1977 分析纯)和 20 mL 饱和碳酸钾(GB 1397—1978 分析纯)水溶液,搅匀,放冷,贮于玻璃瓶中备用;

⑤硫酸(GB 625—1977)或盐酸(GB 622—1977):分析纯,0.005 mol/L 硫酸或 0.01 mol/L 盐酸标准溶液。

⑥硫酸亚铁粉:将硫酸亚铁($FeSO_4 \cdot 7H_2O$ GB 664—1977 分析纯)磨细,通过 0.15 mm 孔径筛,装入密闭瓶中,保存阴凉处。

(4)测定步骤

称取通过 1 mm 筛风干样品 2.00 g 和 1 g 硫酸亚铁粉剂,均匀铺在扩散皿外室内,水平地轻轻旋转扩散皿,使样品铺平(不包括土壤中硝态氮测定样品则不必加入硫酸亚铁)。

在扩散皿内室中加入 2 mL 硼酸-指示剂混合液,然后在皿的外室边缘涂上特制胶水,盖上毛玻璃,并旋转数次,以使毛玻璃与扩散皿边完全黏合,再慢慢转开毛玻璃的一边,使毛玻璃上的缺口对准扩散皿外室,用加液器迅速加入 10 mL 1.8 mol/L NaOH 溶液(10 mL 1.2 mol/L NaOH 溶液)于扩散皿的外室中,立即用毛玻璃盖严。

水平地轻轻旋转扩散皿,使溶液与土壤充分混匀,用橡皮筋绑十字固定,随后放入 40℃ 的恒温箱中。24 h 后取出,再以 0.005 mol/L 硫酸或 0.01 mol/L 盐酸标准溶液,用半微量滴定管滴定扩散皿内室硼酸吸收液,由蓝绿色滴到紫色色微红(红紫色),即为终点。记录所用酸标准溶液的体积(mL)。

在样品测定同时进行空白试验,校正试剂和滴定误差。

(5)结果计算

①计算公式

$$土壤碱解氮=\frac{(V-V_0)\times c_H\times 0.014}{m}\times 100\%$$

式中:V——滴定试液时所用酸标准溶液的体积,mL;

V_0——滴定空白时所用酸标准溶液的体积,mL;

c_H——酸标准溶液的浓度,mol/L;

0.014——氮原子的毫摩质量;

m——风干土样质量,g。

②平行测定结果,用算术平均值表示,保留整数位。

③两次平行测定结果允许差不超过 5 mg/kg。

(6)测定注意事项

①在扩散皿内室加硼酸-指示剂混合液时,如果溶液变蓝(水的 pH 高于 4.5),则用吸管将溶液吸去,再次加入硼酸-指示剂混合液,可重复几次至溶液不再变蓝为止。

②特制胶水的碱性很强,在涂胶水和洗涤扩散皿时必须特别细心,慎防污染内室,否则结果偏高。

③滴定时要用带尖头的玻璃棒小心搅动吸收液,边搅边滴定,切不可摇动扩散皿。

4.土壤有效磷含量测定

石灰性土壤有效磷测定方法 NY/T 149—1990(原 GB 12297—1990)。

(1)测定原理

用 0.5 mol/L $NaHCO_3$(pH=8.5)溶液浸提土壤有效磷。碳酸氢钠可以抑制溶液中 Ca^{2+} 的活度,使某些活性较大的磷酸钙盐被浸提出来;同时也可使活性磷酸铁、铝盐水解而被浸出;浸出液中的磷不致次生沉淀。提取液中的磷可用钼锑抗分光光度法定量。测定值与作物对磷肥的反应相关性较高。

(2)仪器和设备

①土壤筛：1 mm 孔径筛；

②分析天平:感量为 0.01 g; 0.001 g 两种；

③三角瓶：50 mL 和 150 mL,带橡皮塞；

④漏斗:7 cm；

⑤滤纸：11 cm;不含磷；

⑥移液管：5 mL, 10 mL, 20 mL；

⑦量筒：50 mL；

⑧容量瓶：50 mL；

⑨可见光分光光度计；

⑩恒温柱复振荡机,或普通振荡机及 (25±1)℃的恒温室。振荡频率约 180 r/min,但在 150～250 r/min 的振荡机都可使用。

(3)试剂

分析中仅能用蒸馏水或相当纯度的水。

①碳酸氢钠(GB 640—1978,化学纯)。

②氢氧化钠(NaOH, GB 629—1981,化学纯):50%(*m*/*V*)溶液。

③活性炭(HG 3—1290—1980,分析纯)。

④盐酸(GB 622—1977,化学纯):1+1 溶液。

⑤钼酸铵(GB 657—1979,分析纯)。

⑥硫酸(H_2SO_4 GB 625—1977,分析纯)。

⑦酒石酸氧锑钾[$K(SbO)C_4H_4O_6\cdot1/2H_2O$,分析纯]:0.5 g 酒石酸氧锑钾溶于 100 mL 水中。

⑧抗坏血酸($C_6H_8O_6$,左旋,比旋光度 $+21°\sim+22°$,分析纯)。

⑨磷酸二氢钾(GB 1274—1977,分析纯)。

⑩浸提剂(0.5 mol/L $NaHCO_3$,pH=8.5):42.0 g 碳酸氢钠(GB 640—1978,化学纯)溶于约 800 mL 水中,稀释至 1 L,用

50%(*m*/*V*)氢氧化钠(NaOH,GB 629—1981,化学纯)溶液调节至 pH=8.5(用 pH 计测定)。贮存于塑料或玻璃瓶中,用塞塞紧。如果贮存超过 20 d,使用时必须校准 pH。

⑪无磷活性炭粉:如果所用活性炭(HG 3—1290—1980,分析纯)含磷,应先用 1+1 盐酸(GB 622—1977,化学纯)浸泡过夜,然后移放在平板漏斗上抽气过滤,用水淋洗多次后,再用浸提剂浸泡过夜,在平板漏斗上抽气过滤,用水洗尽碳酸氢钠并至无磷为止,烘干备用。

⑫钼锑贮备液:20.0 g 钼酸铵(GB 657—1979,分析纯)溶于 200 mL 约 60℃的水中,冷却。另取 208.3 mL 浓硫酸(GB 625—1977,分析纯)缓缓倒入约 400 mL 水中,搅匀,冷却。然后将稀硫酸缓缓倒入钼酸铵溶液中,随时搅匀;再加入 100 mL 0.5%酒石酸氧锑钾溶液;最后用水稀释至 1 L,盛于棕色瓶中。

⑬0.5%酒石酸氧锑钾溶液:称取 0.5 g 酒石酸氧锑钾,溶于 100 mL 水中。

⑭显色剂(钼锑抗试剂):1.5 g 抗坏血酸($C_6H_8O_6$,左旋,比旋光度+21°~+22°,分析纯)溶于 100 mL 钼锑贮备液中。此试剂有效期在室温下为 24 h,在 2~8℃冰箱中可贮存 5~7 d。

⑮磷标准贮备溶液[*c*(P)=100 mg/L]:称取 105℃烘干 2 h 的磷酸二氢钾(GB 1274—1977,分析纯)0.439 4 g,溶于约 200 mL 水中,加入 5 mL 浓硫酸,转入 1 L 容量瓶中,用水定容。此贮备液可以长期保存。

⑯磷标准工作溶液[*c*(P)=5 mg/L]:吸取 5.00 mL 磷标准贮备溶液,放入 100 mL 容量瓶中,加水定容。此标准工作液不宜久存,用时现配。

(4)测定步骤

①土壤有效磷的浸提:称取通过 1 mm 孔径筛的风干土样 2.50 g 置于干燥的 150 mL 三角瓶中,再加入 0.5 g 无磷活性炭

粉,加入(25±1)℃的浸提剂50.0 mL,用橡皮塞塞紧,在(25±1)℃的液温下,于往复振荡机上振荡(30±1)min,振荡频率为150～180 r/min,用无磷滤纸过滤于干燥的150 mL三角瓶中。

②滤出液中磷的测定:在浸提土样的当天,吸取滤出液10.00 mL(含1～25 μg磷)放入干燥的50 mL容量瓶中,加入显色剂5.00 mL,慢慢摇动,使二氧化碳逸出。再用水定容至刻度,摇匀。在室温高于15℃处放置30 min后,用1 cm光径比色皿在660～720 nm波长处比色,测定吸光度,以空白溶液(除不加土样外,其余测定步骤皆同上处理)为参比液,调节分光光度计的零点。

注:a.如果土壤有效磷含量较高,应改吸取较少量的滤出液,并加显色剂补足至10.00 mL。

b.比色液中磷的浓度很低时,可与标准系列溶液一起改用2 cm或3 cm比色皿比色。

③校准曲线的绘制或线性回归方程的计算:在土样测定的同时,吸取磷标准工作溶液0.00 mL、1.00 mL、2.00 mL、3.00 mL、4.00 mL、5.00 mL,分别放入50 mL容量瓶中,加入10 mL浸提剂,显色。此标准系列溶液中磷(P)的浓度依次为0.00 mg/L、0.10 mg/L、0.20 mg/L、0.30 mg/L、0.40 mg/L、0.50 mg/L。测读系列溶液的吸光度。然后以标准系列溶液的磷浓度为横坐标,相应的吸光度为纵坐标绘制标准曲线,或计算两个变量的直线回归方程。

(5)结果表示

①计算公式

土壤有效磷含量X(P,mg/kg)按下式计算:

$$X=c\times\frac{V}{m}\times f$$

式中:X——土壤有效磷含量,mg/kg;

c——从校准曲线上查得或回归方程求得显色液中磷的浓度，mg/L；

m——风干样质量，g；

V——浸提液总体积，mL；

f——分取倍数。

②精密度

a. 平行测定的结果用算术平均值表示，保留小数点后一位。

b. 平行测定结果的允许相差：土壤有效磷小于 10 mg/kg，不得超过 0.5 mg/kg；10～20 mg/kg，不得超过 1.0 mg/kg；大于 20 mg/kg，相对相差不得超过 5%。

5. 土壤速效钾含量测定

1 mol/L 乙酸铵（pH＝7.0）浸提-火焰光度计法，《土壤理化分析》（中国科学院南京土壤所）方法。

（1）测定原理

土壤有效钾包括交换性钾和水溶性钾。用中性 1 mo/L 乙酸铵溶液为浸提剂，铵离子与土壤胶体表面的钾离子进行交换，连同水溶性钾离子一起进入溶液。浸出液中的钾可直接用火焰光度计测定。

（2）仪器、设备

①土壤筛：1 mm 孔径筛；

②分析天平：感量为 0.01 g；

③三角瓶：150 mL，带胶塞；

④容量瓶：50 mL；

⑤漏斗：直径 7 cm；

⑥滤纸：直径 11 cm；

⑦刻度移液管：1 mL、5 mL、10 mL、20 mL；

⑧振荡机：往复式；

⑨火焰光度计。

(3)试剂

①中性 1 mol/L 乙酸铵溶液:称取乙酸铵($CHCOONH_4$,GB 1292—1977,分析纯)77.09 g,加去离子水溶解,定容至近 1 L,用 1+1 氢氧化铵(GB 631—1977,分析纯)与稀乙酸(GB 676—1978,分析纯)调节 pH 到 7.0,然后稀释至 1 L。具体方法如下:取出 50 mL 溶液,用溴百里酚蓝作指示剂,以 1+1 氢氧化铵与稀乙酸调至绿色,即为 pH 7.0(也可在酸度计上调节)。根据 50 mL 所用的氢氧化铵或乙酸的毫升数,算出所配溶液大概需要量,最后调至 pH 7.0。

②0.1%溴百里酚蓝指示剂:称取 0.1 g 溴百里酚蓝(HG 3—1222—1979)溶于 100 mL 无水乙醇中(pH 6.2～7.6,颜色由黄至蓝)。

③钾标准溶液:准确称取在 110℃烘 2 h 的氯化钾(KCl,GB 646—1977,分析纯)0.190 7 g,用 1 mol/L 乙酸铵溶液溶解后定容至 1 L,混匀,贮于塑料瓶中,此液含钾(K)100 mg/L。

(4)测定步骤

①土壤有效钾的浸提。称取通过 1 mm 孔径筛的风干土样 5.00 g 于 150 mL 三角瓶中,加 1 mol/L 中性 乙酸铵溶液 50 mL,用橡皮塞塞紧,在 20～25℃下振荡 30 min,振荡频率为 150～180 r/min,用无钾滤纸,立即过滤,滤液用火焰光度计与标准系列溶液一同测定。

②标准曲线绘制。吸取 100 mg/L 钾(K)标准溶液 0.00 mL、2.50 mL、5.00 mL、7.50 mL、10.00 mL、15.00 mL、20.00 mL 分别于 50 mL 容量瓶中,用 1 mol/L 中性乙酸铵溶液稀释至刻度,则各瓶中分别含钾(K)0.00 mg/L、2.50 mg/L、5.00 mg/L、7.50 mg/L、10.00 mg/L、15.00 mg/L、20.00 mg/L。在火焰光度计上,以含钾 20.00 mg/L 标准溶液调节“满度”(100%),以“0”

溶液调节仪器“零点”，然后依次测出各瓶的检流计读数。

以检流计读数为纵坐标，相对应的浓度(mg/L)为横坐标绘制标准曲线。该标准曲线仅适用于火焰光度法测定。

③土壤有效钾的测定。在火焰光度计上钾标准系列溶液测定完后，立即测定浸提液中的有效钾含量(mg/L)。记录检流计读数，在标准曲线上查出相对应的钾浓度(mg/L)。

(5)结果计算

①计算公式

$$土壤有效钾(K,mg/kg) = c \times V / m$$

式中：c——从标准曲线上查得待测样品溶液中钾的含量，mg/L；

V——浸提液总体积，mL；

m——样品质量，g。

②平行测定结果用算术平均值表示，有效钾的毫克数保留整数位。

③两次平行测定的允许相差为 5 mg/kg。

(三)土壤养分分析结果评价

不同区域的土壤养分状况不相同，相对应作物种植不相同，需肥特性也不相同，因此导致土壤中的养分变化也是不一样的，但是有一点相同就是在进行施肥的时候要根据作物的需肥特性，以及土壤中的养分状况来进行施肥，所以个人建议在进行施肥之前先了解土壤中的养分状况以及作物的需肥特性再进行施肥，可以使用土壤养分化验仪、土壤氮磷钾检测仪、土壤养分测定仪(表 3-2)。

表 3-2　全国土壤养分含量分级标准

级别	有机质(%)	碱解氮(mg/kg)	速效磷(mg/kg)	速效钾(mg/kg)
1 很丰富	＞4	＞150	＞40	＞200
2 丰富	3～4	120～150	20～40	150～200
3 中等	2～3	90～120	10～20	100～150
4 缺乏	1～2	60～90	5～10	50～100
5 很缺乏	0.6～1	30～60	3～5	30～50
6 极缺乏	＜0.6	＜30	＜3	＜30

大部分地区的土壤现状造成的影响：

①土壤养分中氮缺乏，会导致作物生长细弱，因为氮肥控制着农田生态系统中碳、氮养分的循环，增加土壤的有机氮量，对增加根茬、系和根分泌物的含量有重要作用。而钾的缺乏，会降低土壤代换离子含量，减少作物产量。

②部分地区氮、磷、钾三种要素的不平衡供应，影响了化肥肥效，容易造成肥料浪费；特别是义县地区的硝态氮含量已接近土壤环境安全的上限值，土壤易受污染。

③区域间的土壤养分含量相差较大，易影响全区作物的均衡增产。

(四)土壤理化性状测定

本节主要介绍土壤酸碱度、土壤水分、土壤质地、土壤容重和孔隙度的测定方法。

1. 土壤酸碱性测定

《土壤理化分析》(中国科学院南京土壤所)方法。参考标准：森林土壤 pH 测定(LY/T 1239—1999)、森林土壤交换性酸度测定(LY/T 1240—1999)、森林土壤水解性总酸度测定(LY/T 1241—1999)。

测定土壤 pH 采用水浸提(液土比 2.5∶1);测定土壤交换性酸度采用酸性土壤 1 mol/L KCl 溶液浸提;测定土壤水解性总酸度采用 1 mol/L 乙酸钠溶液浸提。

(1)测定原理

用水提取出土壤中水溶性的氢离子,应用指示电极和另一参比电极插入土壤悬液中测定其电位差,由于参比电极的电位是固定的,因而该电位差的大小取决于悬液中的氢离子活度。氢离子活度的负对数即为 pH。酸度计就是根据测电位差的方法测定的,并将结果换算成 pH 直接读出。

(2)仪器、设备

①天平:感量为 0.01 g。

②酸度计(电位计)。

③pH 玻璃电极。

④饱和甘汞电极。

⑤50 mL 烧杯。

⑥磁力搅拌器或者玻璃搅拌棒。

(3)试剂

①pH 4.01 标准缓冲溶液:称取在 105℃烘干 1 h 的苯二甲酸氢钾($KHC_8H_4O_4$,GB 1257—1977,分析纯) 10.21 g 溶于去离子水后稀释至 1 L。

②pH 6.87 标准缓冲溶液:称取在 120℃烘干 2 h 的磷酸氢二钠(Na_2HPO_4,GB 1263—1977,分析纯) 3.53 g 和磷酸二氢钾(KH_2PO_4, GB 1274—1977,分析纯) 3.39 g 溶于去离子水中,稀释至 1 L。

③pH 9.18 标准缓冲溶液:称取 3.80 g 硼砂($Na_2B_4O_7 \cdot 10H_2O$,GB 632—1978,分析纯)溶于无 CO_2 的冷水中,稀释至 1 L。此溶液的 pH 易于变化,应在使用前配制。

④饱和氯化钾(KCl,GB 646—1977,分析纯)溶液。

(4)测定步骤

①土壤待测液的制备。用天平称取新鲜或风干土样(过1 mm筛孔) 10.0 g,置于50 mL烧杯中,用量筒加新鲜去离子水(或无二氧化碳蒸馏水)25 mL,放在磁力搅拌器上搅动1 min,放置30 min(或者用玻璃棒人工间歇搅动15 min,放置15 min)后,用酸度计测定。

②测定。应详阅仪器使用说明书,按操作步骤进行测定。通常如下:

a. 接通电源或开启酸度计电源开关,预热15～30 min接好电极,把选择开关扭至pH档。

b. 调节零点调节器,使电表指计指在pH 7.00的位置。

c. 将温度补偿器调到被测液的温度值。

d. 用“定位”调节器,使指计恰好至缓冲溶液的pH数值(酸性土壤用pH 4.01,中性土壤用pH 6.87,碱性土壤用pH 9.18)。重复测定两次,其读数不变为止。

e. 定位结束,移出电极,用去离子水洗净,用滤纸吸干,即可插入待测液中,轻轻转动烧杯1～2 min,静止后按下测量开关(或读数开关)读取pH。重复2次,至两次读数一致时为止。

③结果的表示。两个平行样品的测定用算术平均值表示,小数点后保留两位。

④允许差。两个平行测定值之差<0.1pH。

2. 土壤水分测定

烘箱干燥法NY/T 52—1987(原GB 7172—1987)。

本标准用于测定除石膏性土壤和有机土(含有机质20%以上的土壤)以外的各类土壤的水分含量。

(1)测定原理

土壤样品在(105±2)℃烘箱中烘干至恒重时的失重,即为土壤样品所含水分的质量。

(2)仪器、设备

①土钻。

②土壤筛:孔径 1 mm。

③铝盒:小型的直径约 40 mm,高约 20 mm;大型的直径约 55 mm,高约 28 mm。

④分析天平:感量为 0.001 g 和 0.01 g。

⑤小型电热恒温烘箱。

⑥干燥器:内盛变色硅胶或无水氯化钙。

(3)试样的选取和制备

①风干土样:选取有代表性的风干土壤样品,压碎,通过 1 mm 筛,混合均匀后备用。

②新鲜土样:在田间用土钻取有代表性的新鲜土样,刮去土钻中的上部浮土,将土钻中部所需深度处的土壤约 20 g,捏碎后迅速装入已知准确质量的大型铝盒内,盖紧,装入木箱或其他容器,带回室内,将铝盒外表甩拭干净,立即称重,尽早测定水分。

(4)测定步骤

①风干土样水分的测定。取小型铝盒在 105℃恒温箱中烘烤约 2 h,移入干燥器内冷却至室温,称重,准确至 0.001 g。用角勺将风干土样拌匀,舀取约 5 g,均匀地平铺在铝盒中,盖好,称重,准确至 0.001 g。将铝盒盖揭开,放在盒底下,置于已预热至(105±2)℃的烘箱中烘烤 6 h。取出,盖好,移入干燥器内冷却至室温(约需 20 min),立即称重。风干土样水分的测定应做两份平行测定。

②新鲜土样水分的测定。将盛有新鲜土样的大型铝盒在分析天平上称重,准确至 0.01 g。揭开盒盖,放在盒底下,置于已预热至(105±2)℃的烘箱中烘烤 12 h。取出,盖好,在干燥器中冷却至室温(约需 30 min),立即称重。新鲜土样水分的测定应做 3 份平行测定。

注:烘烤规定时间后一次称重,即达“恒重”。

(5)测定结果的计算

①计算公式。

$$水分(分析基)=\frac{m_1-m_2}{m_1-m_0}\times100\%$$

$$水分(干基)=\frac{m_1-m_2}{m_2-m_0}\times100\%$$

式中:m_0——烘干空铝盒质量,g;

m_1——烘干前铝盒及土样质量,g;

m_2——烘干后铝盒及土样质量,g。

②平行测定的结果用算术平均值表示,保留小数后一位。

③平行测定结果的相差,水分小于5%的风干土样不得超过0.2%,水分为5%～25%的潮湿土样不得超过0.3%,水分大于15%的大粒(粒径约10 mm)黏重潮湿土样不得超过0.7%(相当于相对相差不大于5%)。

3.土壤质地测定(简易密度计法)

《土壤理化分析》(中国科学院南京土壤所)方法,参考标准:森林土壤颗粒组成(机械组成)的测定(LY/T 1223—1999)。

(1)方法原理

通过1 mm筛的土壤样品,用六聚偏磷酸钠(51 g/L,石灰性土壤,50 g土样加60 mL)、氢氧化钠(20 g/L,酸性土壤,50 g土样加40 mL)或草酸钠(33.5 g/L,中性土壤,50 g土样加20 mL)分散土壤颗粒,通过0.25 mm筛转入1 000 mL量筒中,加水至1 000 mL,搅匀后沉降一定时间后,让其自由沉降,其沉降速度符合司笃克斯定律[即球体(土粒)在介质(水)中沉降,其沉降速度与球体(土粒)半径的平方成正比,而与介质(水)的黏滞系数成反比],再根据不同粒径土壤颗粒在不同温度下的沉降时间确定,用甲种密度计测定悬液密度,经校正后计算出各粒级土壤颗粒的百分含量，再据卡庆斯基质地分类表查出质地名称。

(2)试剂及仪器

①0.5 mol/L$\left(\frac{1}{2}Na_2C_2O_4\right)$草酸钠溶液：称取 33.5 g 草酸钠(化学纯)，加蒸馏水溶液解后稀释至 1 L，摇匀。

②0.5 mol/L(NaOH)氢氧化钠溶液：称取 20 g 氢氧化钠(化学纯)，加蒸馏水溶液后稀释至 1 L，摇匀。

③0.5 mol/L$(NaPO_3)_6$ 六偏磷酸钠溶液：称取 51 g 六偏磷酸钠[$(NaPO_3)_6$](化学纯)，加蒸馏水溶解后稀释至 1 L，摇匀。

④天平(感量 0.01 g)、铝盒、有柄瓷钵、橡皮塞玻棒、大漏斗、定时钟、沉降筒、搅拌棒、温度计等。

⑤甲种密度计(鲍氏比重计)：刻度范围为 0～60，最小刻度单位 1 g/L。刻度代表比重计所处深度上的土壤悬液的平均比重。

(3)操作步骤

①称取通过 1 mm 孔径筛子的风干土 50 g，如为沙土则称取 100 g，精确至 0.01 g，放入有柄瓷钵中。

②根据土壤 pH 分别选用下列分散剂：

石灰性土壤(50 g 样品)：加 0.5 mol/L$(NaPO_3)_6$ 六偏磷酸钠 60 mL。

中性土壤(50 g 样品)：加入 0.5 mol/L$\left(\frac{1}{2}Na_2C_2O_4\right)$草酸钠 25 mL。

酸性土壤(50 g 样品)：加 0.5 mol/L(NaOH)氢氧化钠 40 mL。

③加入分散剂后，选择分散方法 a.煮沸法：土样放在 500 mL 三角瓶中，加入分散剂，用水补足至 250 mL，摇匀后静置 2 h，每隔 10～20 min 摇动一次。在经常摇动下煮沸，保持沸腾 1 h。b.振荡法：土样放在 500 mL 三角瓶中，加入分散剂，用水补足至 200～

250 mL,往复振荡机上振荡 8 h。c 研磨法:土样放在瓷蒸发皿中,加入少量分散剂调成糊状(余下的分散剂再研磨后加入),静置 0.5 h,用带橡胶头的玻璃棒、研磨棒或大号胶塞研磨土样,黏质土不少于 20 min,其他质地土壤不少于 15 min。进行土粒分散。土粒分散好以后,将土浆通过大漏斗用蒸馏水全部洗入 1 000 mL 的沉降筒中,用蒸馏水加至刻度,然后将沉降筒放在平稳处,用搅拌棒上下搅拌 1 min(每分钟上下各 30 次),搅拌停止后立即计时。

④根据悬浮液的温度查表,查出小于 0.01 mm 土粒沉降所需的时间(如 15℃时为 30 min),在到达所需时间前 30 s,将比重计轻轻放入沉降筒,到达所需要时间时读出比重计的读数,取出比重计,用水洗净,放入空白液中读数。

⑤空白液制备。另取一只 1 000 mL 量筒,先加 500 mL 蒸馏水,再加入与试验所用相同数量的分散剂,最后加蒸馏水达 1 000 mL 刻度,用搅拌棒上下搅匀。于测定土壤悬液比重之前(或之后)放入比重计,读取弯液面顶部与比重计杆相交处的读数(在 0 点以下为正值,0 点以上为负值)。此数值为空白校正读数,包括温度、弯液面和分散剂的校正。

(4)结果计算

①将风干土重换算成烘干土重。

$$\text{烘干土重} = \frac{\text{风干土重}}{1+\text{吸湿水}/1\,000}$$

②计算小于 0.01 mm 土粒的百分含量

$$<0.01\ \text{mm 土粒百分含量} = \frac{\text{比重计读数}-\text{空白值}}{\text{烘干土样重}} \times 100\%$$

根据<0.01 mm 土粒百分含量,查卡庆斯基质地分类表,确定土壤质地名称。

4.土壤质地测定(手测法)

以手指对土壤的感觉为主,结合视觉和听觉来确定土壤质地的名称,方法简便易行,熟练后也较准确,适合于田间质地的鉴别。手测法有干测和湿测两种,可互相补充,一般以湿测为主。

干测法:取玉米大小的干土块,放在拇指与食指间使之破碎,并在手指间摩擦,根据指压时间大小摩擦时感觉来判断。

湿测法:取一小块土,除去石砾和根系,放在手中捏碎,加水少许,以土粒充分浸润为度(水分过多过少均不适宜),根据能否搓成球、条及弯曲时断裂等情况加以判断,判断标准见表3-3。

表3-3　手测法土壤质地(卡制)判断标准

质地名称	在干燥状态手指挤压或摩擦时的感觉	在湿润下揉搓时的表现
沙土	几乎由沙粒组成,砂粒明显可见,干土块毫不用力即可压碎,手捻粗糙刺手,沙沙作响	不能成球形,用手捏成团,但松手即散,不能成片
沙壤土	沙粒占优势,混加有少许黏粒,很粗糙,研磨时有响声,干土块用小力即可捏碎	勉强可成厚而极短的片状,能搓成表面不光滑的小球,但搓不成细条
轻壤土	干土块用力稍加挤压可碎,手捻有粗糙感	可成较薄的短片,片长不超过1 cm,片面较平整,可成直径约3 mm的土条,但提起后容易断裂
中壤土	干土块稍加大力量才能压碎,成粗细不一的粉末,沙粒和黏粒含量大致相同,稍感粗糙	可成较长薄片,片面光滑,但无反光,可搓成直径3 mm的土条,但弯成2～3 cm小圈即断裂
重壤土	干土块用大力挤压可破碎成粗细不一的粉末,粉沙粒和黏粒占多数,略有粗糙感	可成较长薄片,片面光滑,有弱反光,可搓成直径2 mm的土条,能弯曲成2～3 cm圆形,但压扁时有裂缝
黏土	干土块很硬,用手不能压碎,成细而均一的粉末,有滑腻感	可成较长薄片,片面光滑,有强反光,可搓成直径2 mm的细土条,能弯曲成2～3 cm圆形,压扁时无裂缝

5.土壤容重测定

土壤容重测定采用环刀法测定。《土壤理化分析》(中国科学院南京土壤所)方法。

(1)测定原理

用容重取土器在田间采集一定体积(100 cm^3)的原状土壤,通过所取湿土样的质量和测定土壤含水量,得到烘干土质量,再根据土样体积和烘干土质量计算出土壤容重。

(2)仪器、设备

①天平:感量为0.01 g;

②铝盒:小型的直径约40 mm,高约20 mm;大型的直径约55 mm,高约28 mm;

③环刀(100 cm^3),手柄及盖;

④小型电热恒温烘箱;

⑤干燥器:内盛变色硅胶或无水氯化钙;

⑥铁锹、花铲、削土刀、塑料袋等。

(3)测定步骤

在田间选择具有代表性地块,取表层土壤或根据需要按土壤剖面层次取土。取土前,先将表面干土轻轻铲除,表面铲平,尽量不要给下面土壤施加压力,以免下面土壤被压实。

将环刀垂直压入土壤中,如图3-6所示,至环刀中全部充满土壤,可通过手柄上的小孔观察。环刀压入过程中不能左右摇摆,也不能倾斜,以免破坏土壤自然状态。

用花产将环刀周围的土壤铲掉,并保持换到下部有多余的土体,将环刀取出。

用削土刀将环刀上下两面多余的土壤小心削平(与环刀边平齐),并把环刀四周的泥土擦掉,放入已预先称出质量的塑料袋中,将口系好,以避免土壤水分蒸发。

将土样称重,并测定土壤含水量,算出烘干土质量,再计算出土壤容重。

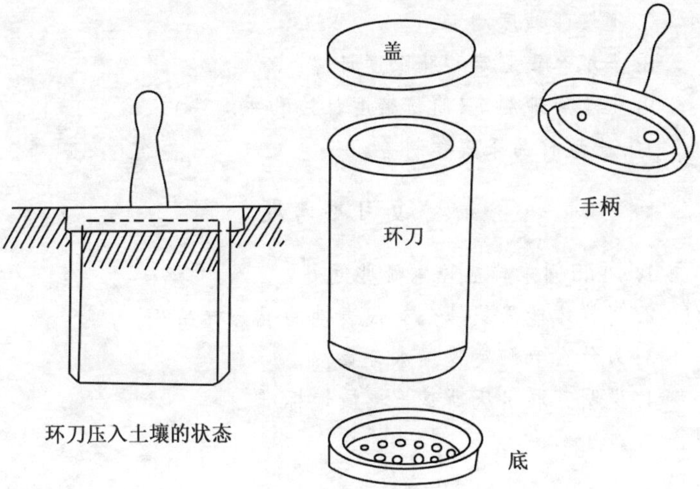

图 3-6　环刀示意图

6.**土壤孔隙度测定**

根据土粒密度和土壤容重计算土壤孔隙度，土粒密度一般选用平均土粒密度 2.65 g/cm^3 进行计算。

$$土壤孔隙度=\left(1-\frac{土壤容重}{土粒密度}\right)\times 100\%$$

技能训练

1. 土壤有机质测定
2. 土壤全氮量测定。
3. 土壤碱解性氮含量测定。
4. 土壤有效磷含量测定。

5. 土壤速效钾含量测定。
6. 土壤水分含量测定。
7. 土壤酸碱度测定。
8. 土壤容重测定和孔隙度计算。
9. 土壤质地测定(简易密度计法和手测法)。
10. 土壤样品采集和制备。

复习思考题

1. 在田间采样应注意哪些问题?
2. 怎样才能采集一个有代表性的混合样品?
3. 为什么要测定吸湿水含量?
4. 说明苏联卡庆斯基土壤质地标准。

四、肥效田间试验

(一)田间试验的方法与选择

常用田间试验的方法可分为单因素实验和多因素实验,目前全国测土配方施肥中常用的是三因素优化设计(3414)。

(二)肥效田间试验的方案设计

肥效田间试验主要包括大田作物肥料效应田间试验、蔬菜和果树作物田间试验。

1.大田作物肥料效应田间试验

(1)试验目的

肥料效应田间试验是获得各种作物最佳施肥品种、施肥比例、施肥数量、施肥时期、施肥方法的根本途径,也是筛选、验证土壤养分测试方法、建立施肥指标体系的基本环节。通过田间试验,掌握各个施肥单元不同作物优化施肥数量,基、追肥分配比例,施肥时期和施肥方法;摸清土壤养分校正系数、土壤供肥能力、不同作物养分吸收量和肥料利用率等基本参数;构建作物施肥模型,为施肥分区和肥料配方设计提供依据。

(2)试验设计

肥料效应田间试验设计,取决于试验目的。对于一般大田作物施肥量研究,一般采用“3414”方案设计,在具体实施过程中可根据研究目的选用“3414”完全实施方案、部分实施方案或其他试验方案。

①"3414"完全实施方案。"3414"方案设计吸收了回归最优设计处理少、效率高的优点，是目前应用较为广泛的肥料效应田间试验方案(表 4-1)。"3414"是指氮(N)、磷(P)、钾(K)3 个因素、4 个水平、14 个处理。4 个水平的含义：0 水平指不施肥，2 水平指当地推荐施肥量，1 水平(指施肥不足)＝2 水平×0.5，3 水平(指过量施肥)＝2 水平×1.5。如果需要研究有机肥料和中、微量元素肥料效应，可在此基础上增加处理。

表 4-1 "3414"试验方案处理(推荐方案)

试验编号	处理	N	P	K
1	$N_0P_0K_0$	0	0	0
2	$N_0P_2K_2$	0	2	2
3	$N_1P_2K_2$	1	2	2
4	$N_2P_0K_2$	2	0	2
5	$N_2P_1K_2$	2	1	2
6	$N_2P_2K_2$	2	2	2
7	$N_2P_3K_2$	2	3	2
8	$N_2P_2K_0$	2	2	0
9	$N_2P_2K_1$	2	2	1
10	$N_2P_2K_3$	2	2	3
11	$N_3P_2K_2$	3	2	2
12	$N_1P_1K_2$	1	1	2
13	$N_1P_2K_1$	1	2	1
14	$N_2P_1K_1$	2	1	1

该方案可应用 14 个处理进行氮、磷、钾三元二次效应方程拟合，还可分别进行氮、磷、钾中任意二元或一元效应方程拟合。

例如：进行氮、磷二元效应方程拟合时，可选用处理 2～7、11、12，求得在以 K_2 水平为基础的氮、磷二元二次效应方程；选用处理 2、3、6、11 可求得在 P_2K_2 水平为基础的氮肥效应方程；选用处理 4、5、6、7 可求得在 N_2K_2 水平为基础的磷肥效应方程；选用处理 6、8、9、10 可求得在 N_2P_2 水平为基础的钾肥效应方程。此外，通过处理 1，可以获得基础地力产量，即空白区产量。

其具体操作参照有关试验设计与统计技术资料。

②“3414”部分实施方案。试验氮、磷、钾某一个或两个养分的效应，或因其他原因无法实施“3414”完全实施方案，可在“3414”方案中选择相关处理，即“3414”的部分实施方案。这样既保持了测土配方施肥田间试验总体设计的完整性，又考虑到不同区域土壤养分特点和不同试验目的要求，满足不同层次的需要。如有些区域重点要试验氮、磷效果，可在 K_2 做肥底的基础上进行氮、磷二元肥料效应试验，但应设置 3 次重复。具体处理及其与“3414”方案处理编号对应列于表 4-2。

表 4-2　氮、磷二元二次肥料试验设计与“3414”方案处理编号对应表

试验编号	“3414”方案处理编号	处理	N	P	K
1	1	$N_0P_0K_0$	0	0	0
2	2	$N_0P_2K_2$	0	2	2
3	3	$N_1P_2K_2$	1	2	2
4	4	$N_2P_0K_2$	2	0	2
5	5	$N_2P_1K_2$	2	1	2
6	6	$N_2P_2K_2$	2	2	2
7	7	$N_2P_3K_2$	2	3	2
8	11	$N_3P_2K_2$	3	2	2
9	12	$N_1P_1K_2$	1	1	2

上述方案也可分别建立氮、磷一元效应方程。

在肥料试验中，为了取得土壤养分供应量、作物吸收养分量、土壤养分丰缺指标等参数，一般把试验设计为 5 个处理：空白对照（CK）、无氮区（PK）、无磷区（NK）、无钾区（NP）和氮、磷、钾区

(NPK)。这5个处理分别是“3414”完全实施方案中的处理1、2、4、8和6(表4-3)。如要获得有机肥料的效应,可增加有机肥处理区(M);试验某种中(微)量元素的效应,在NPK基础上,进行加与不加该中(微)量元素处理的比较。试验要求测试土壤养分和植株养分含量,进行考种和计产。试验设计中,氮、磷、钾、有机肥等用量应接近肥料效应函数计算的最高产量施肥量或用其他方法推荐的合理用量。

表4-3 常规5处理试验设计与“3414”方案处理编号对应表

处理编号	“3414”方案处理编号	处理	N	P	K
空白对照	1	$N_0P_0K_0$	0	0	0
无氮区	2	$N_0P_2K_2$	0	2	2
无磷区	4	$N_2P_0K_2$	2	0	2
无钾区	8	$N_2P_2K_0$	2	2	0
氮磷钾区	6	$N_2P_2K_2$	2	2	2

③其他试验方案。各地可以结合近年来的“3414”试验结果,布置单因素多水平高产高效肥料运筹试验,为农业高产高效提供科学施肥配方。对于丘陵山区、黄土高原区可根据当地自然生态条件和技术推广水平,进行肥料梯度试验、配比试验、肥料运筹试验和施肥方法试验及相应的验证试验。

(3)试验实施

①试验地选择。试验地应选择平坦、整齐、肥力均匀,具有代表性的不同肥力水平的地块;坡地应选择坡度平缓、肥力差异较小的田块;试验地应避开道路、堆肥场所及院、林遮阴阳光不充足等特殊地块。同一田块不能连续布置试验。

②试验作物品种选择。本规范中大田作物是指大田中种植的粮食、油菜、棉花、大豆等作物,田间试验应选择当地主栽的大田作物品种或拟推广品种。

③试验准备。整地、设置保护行、试验地区划；小区应单灌单排，避免串灌串排；试验前采集土壤样品；依测试项目不同，分别制备新鲜或风干土样。

④试验重复与小区排列。为保证试验精度，减少人为因素、土壤肥力和气候因素的影响，田间试验一般设3～4个重复（或区组）。采用随机区组排列，区组内土壤、地形等条件应相对一致，区组间允许有差异。同一生长季、同一作物、同类试验在10个以上时可采用多点无重复设计。

小区面积：大田作物小区面积一般为20～50 m^2，密植作物可小些，中耕作物可大些；小区宽度：密植作物不小于3 m，中耕作物不小于4 m。

⑤试验记载与测试。参照肥料效应鉴定田间试验技术规程（NY/T 497—2002）执行，试验前采集基础土样进行测定，收获期采集植株样品，进行考种和生物与经济产量测定。必要时进行植株分析，每个区域每种作物应按高、中、低肥力分别各取不少于1组3414试验中1、2、4、8、6处理的植株样品；有条件的地区，采集3414试验中所有处理的植株样品。

（4）试验统计分析

常规试验和回归试验的统计分析方法参见肥料效应鉴定田间试验技术规程（NY/T 497）或其他专业书籍。

2.蔬菜肥料田间试验

（1）试验设计目的

肥料田间试验设计推荐用“2＋X”方法，分为基础施肥和动态优化施肥试验两部分，“2”是指各地均应进行的以常规施肥和优化施肥2个处理为基础的对比施肥试验研究，其中常规施肥是当地大多数农户在蔬菜生产中习惯采用的施肥技术，优化施肥则为当地近期获得的蔬菜高产高效或优质适产施肥技术；“X”是指针对不同地区、不同种类蔬菜可能存在一些对生产和养分高效有较大影响的未知因子而不断进行的修正优化施肥处理的动态研究试验,未知因子包括不同种类蔬菜养分吸收规律、施肥量、施肥时期、养分配比、中微量元素等。为了进一步阐明各个因子的作用特点,可有针对性地进一步安排试验,目的是为确定施肥方法及数量、验证土壤和植物养分测试指标等提供依据,X 的研究成果也将为进一步修正和完善优化施肥技术提供参考,最终形成新的配方施肥(集成优化施肥)技术,有利于在田间大面积应用和示范推广。

(2)基础施肥试验设计

基础施肥试验取“2+X”中的“2”为试验处理数:①常规施肥,蔬菜的施肥种类、数量、时期、方法和栽培管理措施均按照当地大多数农户的生产习惯进行;②优化施肥,即蔬菜的高产高效或优质适产施肥技术,可以是科技部门的研究成果,也可为科技种菜能手采用并经土壤肥料专家认可的优化施肥技术方案作为试验处理。基础施肥试验是生产应用性试验,可将小区面积适当增大,不设置重复。

(3)“X”动态优化施肥试验设计

“X”表示根据试验地区、土壤条件、蔬菜种类及品种、适产优质等内容确定,确定亟须优化的技术内容方案,旨在不断完善优化处理。“X”动态优化施肥试验可与基础施肥试验的 2 个处理在同一试验条件下进行,也可单独布置试验。“X”动态优化施肥试验需要设置 3～4 次重复,必须进行长期定位试验研究,至少有 3 年以上的试验结果。

“X”主要针对氮肥优化管理,包括 5 个方面的试验设计,分别为:X1,氮肥总量控制试验;X2,氮肥分期调控试验;X3,有机肥当量试验;X4,肥水优化管理试验;X5,蔬菜生长和营养规律研究试验。“X”处理中涉及有机肥、磷钾肥的用量、施肥时期等应接近于优化管理。除有机肥当量试验外，其他试验中，有机肥根据各地实际情况选择施用或者不施(各个处理保持一致)，如果施用，则应该选用当地有代表性的有机肥种类；磷钾根据土壤磷钾测试值和目标产量确定施用量，根据作物养分规律确定施肥时期。各地根据实际情况，选择设置相应的“X”试验；如果认为磷或钾肥为限制因子，可根据需要将磷钾单独设置几个处理。

①氮肥总量控制试验(X1)。为了不断优化蔬菜氮肥适宜用量，设置氮肥总量控制试验，包括3个处理：a.优化施氮量；b.70%的优化施氮量；c.130%的优化施氮量。其中优化施氮量根据蔬菜目标产量、养分吸收特点和土壤养分状况确定，磷钾肥施用以及其他管理措施一致。各处理详见表4-4。

表4-4 蔬菜氮肥总量控制试验方案

试验编号	试验内容	处理	N	P	K
1	无氮区	$N_0P_2K_2$	0	2	2
2	70%的优化氮区	$N_1P_2K_2$	1	2	2
3	优化氮区	$N_2P_2K_2$	2	2	2
4	130%的优化氮区	$N_3P_2K_2$	3	2	2

说明：0水平：指不施该种养分；1水平：适合于当地生产条件下的推荐值的70%；2水平：指适合于当地生产条件下的推荐值；3水平：该水平为过量施肥水平，为2水平氮肥适宜推荐量的1.3倍。

②氮肥分期调控试验(X2)。蔬菜作物在施肥上需要考虑肥料分次施用，遵循“少量多次”原则。为了优化氮肥分配，达到以更少的施肥次数，获得更好效益(养分利用效率，产量等)的目的，在优化施肥量的基础上，设置3个处理：a.农民习惯施肥；b.考虑基追比(3∶7)分次优化施肥，根据蔬菜营养规律分次施用；c.氮肥全部用于追肥，按蔬菜营养规律分次施用。

各地根据蔬菜种类，依据氮素营养需求规律和氮素营养关键需求时期,以及灌溉管理措施来确定优化追肥次数。一般情况下,推荐追肥次数见表4-5,如果生育期发生很大变化,根据实际情况增加或减少追肥次数。每次推荐氮肥(N)量控制在2～7 kg/亩。

表4-5 不同蔬菜及栽培灌溉模式下推荐追肥次数

蔬菜种类		栽培方式	追肥次数	
			畦灌	滴灌
叶菜类		露地	2～4	5～8
		设施	3～4	6～9
果类蔬菜		露地	5～6	8～10
	设施	一年两茬	5～8	8～12
		一年一茬	10～12	15～18

③有机肥当量试验(X3)。目前在蔬菜生产中,特别是设施蔬菜生产中,有机肥的施用很普遍。按照有机肥的养分供应特点,养分有效性与化肥进行当量研究。试验设置6个处理(表4-6),分别为有机氮和化学氮的不同配比,所有处理的磷、钾养分投入一致,其中有机肥选用当地有代表性并完全腐熟的种类。

表4-6 有机肥当量试验方案处理

试验编号	处理	有机肥提供氮占总氮投入量比例	化肥提供氮占总氮投入量比例	肥料施用方式
1	空白	—	—	—
2	M_1N_0	1	0	有机肥基施
3	M_1N_2	1/3	2/3	有机肥基施、化肥追施
4	M_1N_1	1/2	1/2	有机肥基施、化肥追施
5	M_2N_1	2/3	1/3	有机肥基施、化肥追施
6	M_0N_1	0	1	化肥追施

注:其中有机肥提供的氮量以总氮计算。

④肥水优化管理试验(X4)。蔬菜作物在施肥上需要考虑与

灌溉结合。为不断优化蔬菜肥水总量控制和分期调控模式,明确优化灌溉前提下的肥水调控技术的应用效果,提出适用于当地的肥水优化管理技术模式,设置肥水优化管理试验。试验设置 3 个处理:a. 农民传统肥水管理(常规灌溉模式,如沟灌或漫灌,习惯灌溉施肥管理);b. 优化肥水模式(在常规灌溉模式如沟灌或漫灌下,依据作物水分需求规律调控节水灌溉量);c. 新技术应用(滴灌模式,依据作物水分需求规律调控灌溉量)。其中处理 2 和处理 3,施肥按照不同灌溉模式的优化推荐用量,氮素采用总量控制、分期调控,磷钾采用恒量监控或丰缺指标法确定。

⑤蔬菜生长和营养规律研究试验(X5)。根据蔬菜生长和营养规律特点,采用氮肥量级试验设计,包括 4 个处理(表 4-7),其中有机肥根据各地情况选择施用或者不施,但是 4 个处理应保持一致。有机肥、磷钾肥用量应接近推荐的合理用量。在蔬菜生长期间,分阶段采样,进行植株养分测定。

表 4-7 蔬菜氮肥量级试验方案处理

试验编号	处理	M	N	P	K
1	$MN_0P_2K_2/N_0P_2K_2$	+/-	0	2	2
2	$MN_1P_2K_2/N_1P_2K_2$	+/-	1	2	2
3	$MN_2P_2K_2/N_2P_2K_2$	+/-	2	2	2
4	$MN_3P_2K_2/N_3P_2K_2$	+/-	3	2	2

说明:M 代表有机肥料;-:不施有机肥。+:施用有机肥,其中有机肥的种类在当地应该有代表性,其施用数量与菜田种植历史(新老程度)有关(表 4-8)。有机肥料需要测定全量氮磷钾养分。0 水平:指不施该种养分;1 水平:适合于当地生产条件下的推荐值的一半;2 水平:指适合于当地生产条件下的推荐值;3 水平:该水平为过量施肥水平,为 2 水平氮肥适宜推荐量的 1.5 倍。

表 4-8　不同菜田推荐的有机肥用量

菜田		新菜田;过沙、过黏、盐碱化严重菜田	2～3 年新菜田	大于 5 年老菜田	
有机肥选择		高 C/N 粗杂有机肥	粪肥、堆肥	堆肥	粪肥+秸秆
推荐量(方/亩)	设施	8～10	5～7	3～5	3+2
	露地	4～5	3～4	2～3	1+2

(4)试验实施

①试验地选择。试验地应选择平坦、整齐、肥力均匀,具有代表性的不同肥力水平的地块;坡地应选择坡度平缓、肥力差异较小的田块;试验地应避开靠近道路、有土传病害、堆肥场所或者前期施用大量有机肥等地块。

②试验作物品种选择。蔬菜田间试验建议选择主栽常见种类:瓜类,黄瓜(设施);茄果类,番茄(设施);根菜,萝卜;结球叶菜,大白菜;非结球叶菜,莴笋;块根茎类,马铃薯。

一个县区域至少选择两种蔬菜,一是上述主栽常见种类中的任意一种蔬菜,二是本地区种植规模较大的具有代表性的蔬菜作物。此外,北方地区注意设施和露地蔬菜的试验设计个数要均衡。

③试验准备。整地、设置保护行、试验地区划,小区应单灌单排,避免串灌串排;蔬菜田需要在小区之间采用塑料膜或水泥板隔开,至少隔离 50 cm 深度,避免肥水间相互渗透;试验前多点采集土壤混合样品;依测试项目不同,分别制备新鲜或风干土样。

④试验重复与小区排列。为保证试验精度,减少人为因素、土壤肥力和气候因素的影响,田间试验一般设 3～4 个重复(或区组)。采用随机区组排列,区组内土壤、地形等条件应相对一致,区组间允许有差异。对于氮磷钾试验同一生长季、同一作物、同类试验在 10 个以上时可采用多点无重复设计。

小区面积:露地蔬菜作物小区面积一般为 12～20 m^2,密植作物可小些，中耕作物可大些；设施蔬菜作物一般为 10～15 m^2，至少 5 行或者 3 畦以上。小区宽度：密植作物不小于 2 m，中耕作物不小于 3 m。

⑤施肥方法和肥料分配。有机肥料作基肥一次施用，可撒施、条施或穴施；化学肥料分次施用，具体视试验地区供试蔬菜高产栽培的肥料分配比例而定，一般需要考虑与菜田的水分管理结合进行。

⑥试验记载与测试。参照肥料效应鉴定田间试验技术规程(NY/T 497)执行，试验前采集基础土样进行测定，收获期采集土壤和植株样品，进行考种和生物与经济产量测定，必要时在蔬菜生长期间进行植株样品的采集和分析，如蔬菜生长规律的研究试验。

(5)试验统计分析

常规试验和回归试验的统计分析方法参见肥料效应鉴定田间试验技术规程(NY/T 497)或其他专业书籍。

3.果树肥料田间试验

(1)试验设计目的

田间试验设计推荐用“2+X”方法，分为基础施肥和动态优化施肥试验两部分，“2”是指各地均应进行的以常规施肥和优化施肥 2 个处理为基础的对比施肥试验研究，其中常规施肥是当地大多数农户在果树生产中习惯采用的施肥技术，优化施肥则为当地近期获得的果树高产高效或优质适产施肥技术；“X”是指针对不同地区、不同种类果树可能存在一些对生产和养分高效有较大影响的未知因子而不断进行的修正优化施肥处理的动态研究试验，未知因子包括不同种类果树养分吸收规律、施肥量、施肥时期、养分配比、中微量元素等。为了进一步阐明各个因子的作用特点，可有针对性地进一步安排试验，目的是为确定施肥方法及数量、验证土壤和果树叶片养分测试指标等提供依据，X 的研究成果也将为进一步修正和完善优化施肥技术提供参考，最终形成新的测土配方施肥(集成优化施肥)技术，有利于在田间大面积应用、示范推广。

(2)基础施肥试验设计

基础施肥试验取“2＋X”中的“2”为试验处理数:①常规施肥,果树的施肥种类、数量、时期、方法和栽培管理措施均按照本地区大多数农户的生产习惯进行;②优化施肥,即果树的高产高效或优质适产施肥技术,可以是科技部门的研究成果,也可为当地高产果园采用并经土壤肥料专家认可的优化施肥技术方案作为试验处理。优化施肥处理涉及施肥时期、肥料分配方式、水分管理、花果管理、整形修剪等技术应根据当地情况与有关专家协商确定。基础施肥试验是在大田条件下进行的生产应用性试验,可将面积适当增大,不设置重复。试验采用盛果期的正常结果树。

(3)“X”动态优化施肥试验设计

“X”表示根据试验地区果树的立地条件、果树生长的潜在障碍因子、果园土壤肥力状况、果树种类及品种、适产优质等内容,确定亟须优化的技术内容方案,旨在不断完善优化施肥处理。其中氮、磷、钾通过采用土壤养分测试和叶片营养诊断丰缺指标法进行,中量元素钙、镁、硫和微量元素铁、锌、硼、钼、铜、锰宜采用叶片营养诊断临界指标法。“X”动态优化施肥试验可与基础施肥试验的2个处理在同一试验条件下进行,也可单独布置试验。“X”动态优化施肥试验每个处理应不少于4棵果树,需要设置3～4次重复,必须进行长期定位试验研究,至少有3年以上的试验结果。

“X”主要包括4个方面的试验设计,分别为:X1,氮肥总量控制试验;X2,氮肥分期调控试验;X3,果树配方肥料试验;X4,中微量元素试验。“X”处理中涉及有机肥、磷钾肥的用量、施肥时期等应接近于优化管理;磷钾根据土壤磷钾测试值和目标产量确定施用量和作物养分规律确定施肥时期。各地根据实际情况,选择设置相应的“X”试验;如果认为磷或钾肥为限制因子,可根据需要将磷钾单独设置几个处理。

①氮肥总量控制试验(X1)。根据果树目标产量和养分吸收

特点来确定氮肥适宜用量，主要设 4 个处理：a. 不施化学氮肥；b. 70% 的优化施氮量；c. 优化施氮量；d. 130%的优化施氮量。其中优化施肥量根据果树目标产量、养分吸收特点和土壤养分状况确定，磷钾肥按照正常优化施肥量投入。各处理详见表 4-9。

表 4-9　果树氮肥总量控制试验方案

试验编号	试验内容	处理	M	N	P	K
1	无氮区	$MN_0P_2K_2$	+	0	2	2
2	70%的优化氮区	$MN_1P_2K_2$	+	1	2	2
3	优化氮区	$MN_2P_2K_2$	+	2	2	2
4	130%的优化氮区	$MN_3P_2K_2$	+	3	2	2

说明：M 代表有机肥料；+：施用有机肥，其中有机肥的种类在当地应该有代表性，其施用数量在当地为中等偏下水平，一般为 1～3 方/亩。有机肥料的氮磷钾养分含量需要测定。0 水平：指不施该种养分；1 水平：适合于当地生产条件下的推荐值的 70%；2 水平：指适合于当地生产条件下的推荐值；3 水平：该水平为过量施肥水平，为 2 水平氮肥适宜推荐量的 1.3 倍。

②氮肥分期调控技术(X2)。试验设 3 个处理：a. 一次性施氮肥，根据当地农民习惯的一次性施氮肥时期(如苹果在 3 月上中旬)；b. 分次施氮肥，根据果树营养规律分次施用(如苹果分春、夏、秋 3 次施用)；c. 分次简化施氮肥，根据果树营养规律及土壤特性在处理 2 基础上进行简化(如苹果可简化为夏秋两次施肥)。在采用优化施氮肥量的基础上，磷钾根据果树需肥规律与氮肥按优化比例投入。

③果树配方肥料试验(X3)。试验设 4 个处理：a. 农民常规施肥；b. 区域大配方施肥处理(大区域的氮磷钾配比，包括基肥型和追肥型)；c. 局部小调整施肥处理(根据当地土壤养分含量进行适当调整)；d. 新型肥料处理(选择在当地有推广价值且养分配比适合供试果树的新型肥料如有机-无机复混肥、缓控释肥料等)。

④中、微量元素试验(X4)。果树中、微量元素主要包括 Ca、

Mg、S、Fe、Zn、B、Mo、Cu、Mn 等,按照因缺补缺的原则,在氮磷钾肥优化的基础上,进行叶面施肥试验。

试验设 3 个处理:a. 不施肥处理,即不施中微量元素肥料;b. 全施肥处理,施入可能缺乏的一种或多种中微量元素肥料;c. 减素施肥处理,在处理 2 基础上,减去某一个中微量元素肥料。

可根据区域及土壤背景设置处理 c 的试验处理数量。试验以叶面喷施为主,在果树关键生长时期施用,喷施次数相同,喷施浓度根据肥料种类和养分含量换算成适宜的百分比浓度。

(4)试验实施

①试验地选择。果树试验地一般选择平坦或坡度平缓、整齐、肥力差异较小,具有代表性的不同肥力水平的地块;试验地应避开道路、堆肥场所等特殊地块。在不能进行大规模试验的情况下,通过调查进行相关分析以得到与配方施肥有关的参数;通过调查明确果园立地条件限制性因素(如土壤类型、土层厚度、障碍层、碳酸钙含量、土壤酸碱度等)。选作试验地的地块最好要有土地利用的历史记录,以便详细了解地块的情况。选择农户科技意识较强的地块布置试验,以便与农户沟通和严格的管理。

②试验果树品种选择。田间试验应选择当地主栽果树树种或拟推广树种:北方选苹果、梨、桃、葡萄和樱桃,南方选柑橘、香蕉、菠萝和荔枝,作为模式品种。树龄以不同树种及品种盛果期树龄为主,乔砧果树建议以 10～20 年生盛果期大树为宜,矮化密植果树建议以 8～15 年生盛果期大树为宜。树种及品种的选择从模式品种中选择一种果树种类, 此外可以选择以当地栽培面积较大且有代表性的主栽品种。

③试验准备。试验应选择树龄、树势和产量相对一致的果树。一般至少选择同行相邻 5～7 株果树做一个重复。试验前采集土壤样品,按照测试要求制备土样。

④试验重复与小区排列。为保证试验精度，减少人为因素、土壤肥力和气候因素的影响，果树田间试验一般应设3～5次重复，采用随机区组排列，区组内土壤、地形等条件应相对一致。

小区面积：以供试果树栽培规格为基础，每个处理实际株数的树冠垂直投影区加行间面积计算小区面积。

⑤施肥方法。以放射沟和条沟法为主，或采用试验验证的高产施肥方法。

⑥施肥时期。"X"动态优化施肥试验根据不同试验目的设计施肥时期，基础施肥试验根据果树年生长周期特点和高产栽培经验进行不同时期的肥料种类和数量（即肥料养分量比）分配，一般北方落叶果树按照萌芽期（3月上旬）、幼果期（6月中旬）、果实膨大期（7～8月）和采收后（秋冬季）分3～4个时期进行；常绿果树根据栽培目标分促梢肥、促花肥、膨果肥、采果肥等进行。

⑦试验记载与测试。参照肥料效应鉴定田间试验技术规程（NY/T 497）执行，试验前采集基础土样进行测定，在果树营养性春梢停长秋梢尚未萌发（叶片养分相对稳定期）采集叶片样品，收获期采集果实样品，记载果实产量，进行果实品质和叶片养分测试。

（5）试验统计分析

常规试验和回归试验的统计分析方法参见肥料效应鉴定田间试验技术规程（NY/T 497）或其他专业书籍。

4.肥料利用率田间试验

（1）试验目的

通过多点田间氮肥、磷肥和钾肥的对比试验，摸清我国常规施肥下主要农作物氮肥、磷肥和钾肥的利用率现状和测土配方施肥提高氮肥、磷肥和钾肥利用率的效果，进一步推进测土配方施肥工作。

(2)试验设计

常规施肥、测土配方施肥情况下主要农作物氮肥、磷肥和钾肥的利用率验证试验田间试验设计,取决于试验目的。本规范推荐试验采用对比试验,大区无重复设计(表4-10)。具体办法是选择1个代表当地土壤肥力水平的农户地块,先分成常规施肥和配方施肥2个大区(每个大区不少于1亩)。在2个大区中,除相应设置常规施肥和配方施肥小区外还要划定20～30 m² 小区设置无氮、无磷和无钾小区(小区间要有明显的边界分隔),除施肥外,各小区其他田间管理措施相同。各处理布置如图4-1(小区随机排列)所示。

表4-10 试验方案处理(推荐处理)

试验编号	处理
1	常规施肥
2	常规施肥无氮
3	常规施肥无磷
4	常规施肥无钾
5	配方施肥
6	配方施肥无氮
7	配方施肥无磷
8	配方施肥无钾

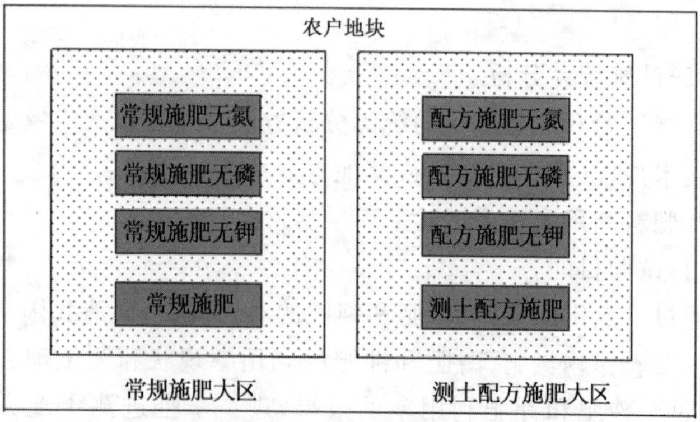

图4-1 各处理布置图

(3)试验实施

①试验地选择。试验地应选择平坦、整齐、肥力均匀,中等土壤肥力水平的地块;坡地应选择坡度平缓、肥力差异较小的田块;试验地应避开道路、堆肥场所等特殊地块。同一地块不能连续布置试验。

②试验作物品种选择。田间试验以省(区、市)为单位部署。每种作物选择当地推广面积较大品种(至少5个品种),每个品种至少布置10个试验点,每个品种试验点尽量在该品种种植区内均匀布点。

③试验准备。整地、设置保护行、试验地区划;小区应单灌单排,避免串灌串排;试验前采集土壤样品;依测试项目不同,分别制备新鲜或风干土样。

④试验记载与测试。参照肥料效应鉴定田间试验技术规程(NY/T 497)执行,试验前采集基础土样进行测定,收获期采集植株样品,进行考种和生物与经济产量测定,进行籽粒(经济收获物)和茎叶(植株)氮、磷、钾分析。采集对比试验中所有处理的籽粒和茎叶样品。

(4)试验统计分析

①常规施肥下氮肥利用率的计算。

a. 100 kg经济产量氮养分吸收量。

首先分别计算各个试验地点的常规施肥和常规无氮区的每形成100 kg经济产量养分吸收量,计算公式如下:

100 kg经济产量氮养分吸收量=(籽粒产量×籽粒氮养分含量+茎叶产量×茎叶氮养分含量)/籽粒产量×100%

然后,将本地该品种所有试验测试结果汇总,计算出该品种的平均值(表4-11)。

表 4-11 ____省____作物主要品种 100 kg 经济产量氮养分吸收量

主要作物品种	常规施肥区					常规无氮区				
	籽粒		茎叶		100 kg 经济产量氮养分吸收量（kg）	籽粒		茎叶		100 kg 经济产量氮养分吸收量（kg）
	产量（kg/亩）	氮养分含量（%）	产量（kg/亩）	氮养分含量（%）		产量（kg/亩）	氮养分含量（%）	产量（kg/亩）	氮养分含量（%）	
品种 1										
品种 2										
品种 3										
品种 4										
品种 5										

b.常规施肥下氮肥利用率(表4-12)。

常规施肥区作物吸氮总量=常规施肥区产量×施氮下形成100 kg经济产量养分吸收量/100

无氮区作物吸氮总量=无氮区产量×无氮下形成100 kg经济产量养分吸收量/100

氮肥利用率=(常规施肥区作物吸氮总量-无氮区作物吸氮总量)/所施肥料中氮素的总量×100%

表4-12 ____省____作物主要品种氮肥利用率

主要作物品种	氮肥利用率平均值(%)	标准差(%)
品种1		
品种2		
品种3		
品种4		
品种5		

②配方施肥下氮肥利用率计算。

a.100 kg经济产量养分吸收量。

首先分别计算各个试验地点的测土配方施肥和无氮区的每形成100 kg经济产量养分吸收量,计算公式如下:

100 kg经济产量养分吸收量=(籽粒产量×籽粒养分含量+茎叶产量×茎叶养分含量)/籽粒产量。

然后,将本地该品种所有结果汇总,计算出该品种的平均值(同表4-11)。

b.测土配方施肥下氮肥利用率。

测土配方施肥区作物吸氮总量=测土配方施肥区产量×施氮下形成100 kg经济产量养分吸收量/100

无氮区作物吸氮总量=无氮区产量×无氮下形成100 kg经济产量养分吸收量/100

氮肥利用率＝（测土配方施肥区作物吸氮总量－无氮区作物吸氮总量）/所施肥料中氮素的总量×100％

记载表同表 4-12。

③测土配方施肥提高肥料利用率的效果。利用上面结果，用测土配方施肥的利用率减去常规施肥的利用率即可计算出测土配方施肥提高肥料利用率的效果。

根据以上方法，分别计算出 100 kg 经济产量 P_2O_5 养分吸收量和计算出 100 kg 经济产量 K_2O 养分吸收量；测算出常规施肥情况下氮肥、磷肥、钾肥利用率，测土配方施肥情况下氮肥、磷肥、钾肥利用率以及测土配方施肥提高肥料利用率的效果。

5. 样品采集与制备

采样人员要具有一定的采样经验，熟悉采样方法和要求，了解采样区域农业生产情况。采样前，要收集采样区域土壤图、土地利用现状图、行政区划图等资料，绘制样点分布图，制订采样工作计划。准备 GPS、采样工具、采样袋（布袋、纸袋或塑料网袋）、采样标签等。

（三）肥效田间试验的布置与实施

田间试验的布置应严格按照田间试验设计方案要求进行实施。统一部署、责任到人。做好田间肥效试验记载和管理是确保测土配方施肥项目顺利实施的基础。根据田间试验要求，技术人员逐一对每个试验不同小区进行详细调查，认真记载，对不同处理田间长势长相进行拍摄，及时收集影像资料。并对在调查中发现的部分试验田杂草丛生和试验小区整理不规范问题，进行及时清除和整理。

(四)资料收集和数据整理

1.农户施肥状况调查资料收集

以县、乡、村为基本单位发放《农户施肥情况调查表》,对调查表进行统计分析,针对施肥中存在的问题,提出施肥推荐。

2.肥料田间试验资料收集

将各种田间肥料试验资料分类整理,常规试验和回归试验的统计分析方法参见肥料效应鉴定田间试验技术规程(NY/T 497)或其他专业书籍,或者用SAS软件进行统计分析,根据不同作物和不同土壤肥力等级分析画线,制定统一的肥料配方,指导农户科学施肥。

3.植物样品的采集

(1)采样要求

植物样品分析的可靠性受样品数量、采集方法及分析部位影响,因此,采样应具有:

代表性:采集样品能符合群体情况,采样量一般为1 kg。

典型性:采样的部位能反映所要了解的情况。

适时性:根据研究目的,在不同生长发育阶段,定期采样。

粮食作物一般在成熟后收获前采集籽实部分及秸秆;发生偶然污染事故时,在田间完整地采集整株植株样品;水果及其他植株样品根据研究目的确定采样要求。

(2)样品采集

①粮食作物。由于粮食作物生长的不均一性,一般采用多点取样,避开田边2 m,按梅花形(适用于采样单元面积小的情况)或"S"形采样法采样。在采样区内采取10个样点的样品组成一个混合样。采样量根据检测项目而定,籽实样品一般1 kg左右,装入纸袋或布袋。要采集完整植株样品可以稍多些,约2 kg,用塑料纸包扎好。

农户施肥情况调查表

统一编号：______________

县(区)　　乡镇　　　村　　　　社

农户姓名		作物名称		播种时间		收获日期	
面积(亩)			产量(kg/亩)				

<table>
<tr><td rowspan="26">实际施肥明细</td><td rowspan="2">施肥序次</td><td rowspan="2">施肥时间</td><td rowspan="2" colspan="3">项目</td><td colspan="6">施肥情况</td></tr>
<tr><td>第一种</td><td>第二种</td><td>第三种</td><td>第四种</td><td>第五种</td><td>第六种</td></tr>
<tr><td rowspan="8">第一次</td><td rowspan="8"></td><td colspan="3">肥料种类</td><td></td><td></td><td></td><td></td><td></td><td></td></tr>
<tr><td colspan="3">肥料名称</td><td></td><td></td><td></td><td></td><td></td><td></td></tr>
<tr><td colspan="3">实物量(kg/亩)</td><td></td><td></td><td></td><td></td><td></td><td></td></tr>
<tr><td rowspan="5">养分含量情况(%)</td><td rowspan="3">大量元素</td><td>N</td><td></td><td></td><td></td><td></td><td></td><td></td></tr>
<tr><td>P_2O_5</td><td></td><td></td><td></td><td></td><td></td><td></td></tr>
<tr><td>K_2O</td><td></td><td></td><td></td><td></td><td></td><td></td></tr>
<tr><td rowspan="2">其他元素</td><td>养分名称</td><td></td><td></td><td></td><td></td><td></td><td></td></tr>
<tr><td>养分含量</td><td></td><td></td><td></td><td></td><td></td><td></td></tr>
<tr><td rowspan="8">第二次</td><td rowspan="8"></td><td colspan="3">肥料种类</td><td></td><td></td><td></td><td></td><td></td><td></td></tr>
<tr><td colspan="3">肥料名称</td><td></td><td></td><td></td><td></td><td></td><td></td></tr>
<tr><td colspan="3">实物量(kg/亩)</td><td></td><td></td><td></td><td></td><td></td><td></td></tr>
<tr><td rowspan="5">养分含量情况(%)</td><td rowspan="3">大量元素</td><td>N</td><td></td><td></td><td></td><td></td><td></td><td></td></tr>
<tr><td>P_2O_5</td><td></td><td></td><td></td><td></td><td></td><td></td></tr>
<tr><td>K_2O</td><td></td><td></td><td></td><td></td><td></td><td></td></tr>
<tr><td rowspan="2">其他元素</td><td>养分名称</td><td></td><td></td><td></td><td></td><td></td><td></td></tr>
<tr><td>养分含量</td><td></td><td></td><td></td><td></td><td></td><td></td></tr>
<tr><td rowspan="8">第三次</td><td rowspan="8"></td><td colspan="3">肥料种类</td><td></td><td></td><td></td><td></td><td></td><td></td></tr>
<tr><td colspan="3">肥料名称</td><td></td><td></td><td></td><td></td><td></td><td></td></tr>
<tr><td colspan="3">实物量(kg/亩)</td><td></td><td></td><td></td><td></td><td></td><td></td></tr>
<tr><td rowspan="5">养分含量情况(%)</td><td rowspan="3">大量元素</td><td>N</td><td></td><td></td><td></td><td></td><td></td><td></td></tr>
<tr><td>P_2O_5</td><td></td><td></td><td></td><td></td><td></td><td></td></tr>
<tr><td>K_2O</td><td></td><td></td><td></td><td></td><td></td><td></td></tr>
<tr><td rowspan="2">其他元素</td><td>养分名称</td><td></td><td></td><td></td><td></td><td></td><td></td></tr>
<tr><td>养分含量</td><td></td><td></td><td></td><td></td><td></td><td></td></tr>
</table>

说明：每一季作物一张表，请填写齐一个年度的每季作物。

注意：施肥量请填写亩用量；产量填实际亩产；肥料请写明养分含量。

填表人：　　　　　　　　　电话：　　　　　　　　农户电话：

②水果样品。平坦果园采样时，可采用对角线法布点采样，由采样区的一角向另一角引一对角线，在此线上等距离布设采样点，采样点多少根据采样区域面积、地形及检测目的确定。山地果园应按不同海拔高度均匀布点，采样点一般不应少于10个。对于树型较大的果树，采样时应在果树的上、中、下、内、外部及果实着生方位（东南西北）均匀采摘果实。将各点采摘的果品进行充分混合，按四分法缩分，根据检验项目要求，最后分取所需份数，每份1 kg左右，分别装入袋内，粘贴标签，扎紧袋口。水果样品采摘时要注意树龄、长势、载果数量等。

③蔬菜样品。蔬菜品种繁多，可大致分成叶菜、根菜、瓜果三类，按需要确定采样对象。

菜地采样可按对角线或"S"形法布点，采样点不应少于10个，采样量根据样本个体大小确定，一般每个点的采样量不少于1 kg。从多个点采集的蔬菜样，按四分法进行缩分，其中个体大的样本，如大白菜等可采用纵向对称切成4份或8份，取其2份的方法进行缩分，最后分取3份，每份约1 kg，分别装入塑料袋，粘贴标签，扎紧袋口。

如需用鲜样进行测定，采样时最好连根带土一起挖出，用湿布或塑料袋装，防止萎蔫。采集根部样品时，在抖落泥土或洗净泥土过程中应尽量保持根系的完整。

市场采样可参照市场水果取样方法进行。

(3)标签内容

采样序号、采样地点、样品名称、作物品种、土壤名称（或当地俗称）、成土母质、地形地势、耕作制度、前茬作物及产量、化肥农药施用情况、灌溉水源、采样点地理位置简图。果树要记载树龄、长势、载果数量等。

(4)植株样品处理与保存

粮食籽实样品应及时晒干脱粒，充分混匀后用四分法缩分至所需量。需要洗涤时,注意时间不宜过长并及时风干。为了防止样品变质,虫咬,需要定期进行风干处理。使用不污染样品的工具将籽实粉碎,用 0.5 mm 筛子过筛制成待测样品。带壳类粮食如稻谷应去壳制成糙米,再进行粉碎过筛。测定重金属元素含量时,不要使用能造成污染的器械。

完整的植株样品先洗干净,根据作物生物学特性差异,采用能反映特征的植株部位,用不污染待测元素的工具剪碎样品,充分混匀用四分法缩分至所需的量,制成鲜样或于 60℃烘箱中烘干后粉碎备用。

田间(或市场)所采集的新鲜水果、蔬菜、烟叶和茶叶样品若不能马上进行分析测定,应暂时放入冰箱保存。

(五)田间试验数据分析与报告

1. 田间试验数据的整理与分析

根据作物生产类,包括农学、林学、茶学、草学、园艺、生物技术等,选取目前科学研究中常用的、基本的、重要的田间试验设计与统计分析方法,包括田间试验资料整理与描述、常用概率分析、t 检验、方差分析、X2 检验、直线回归与相关分析、多元线性回归与相关分析、协方差分析、正交设计试验资料的方差分析、生物统计方法的 SAS 程序等。

2. 撰写田间试验报告

田间肥效试验报告(格式)

1　材料与方法

1.1　试验地点:______组、__农户、______县、______乡(镇)______村。

1.2 供试土种____、土壤有机质____ g/kg、碱解氮____ mg/kg、有效磷____ mg/kg、速效钾____ mg/kg、pH ____。

1.3　供试肥料名称。

1.4　供试品种。一律采用农作物种子评审委员会审定的品种名称。

1.5　试验方法(含试验处理、试验起止时间、田间管理包括施肥、防治病虫害、灌溉、中耕等)。

2　试验结果与分析

2.1　试验地土壤养分状况及不同处理的产量结果。

2.2　不同处理对作物生长发育的影响。

2.3　不同处理对作物生物学性状的影响。

2.4　不同处理对作物产量及产值的影响。

2.5　有机肥和氮磷钾的增产效果。

2.6　土壤养分丰缺指标。

2.7　不同肥料效应方程(三元二次、二元二次、一元二 次和线性加平台等)拟合情况及结果。

2.8　氮、磷、钾肥最佳施用量和最高施用量。

3　需要说明的其他事项

3.1　试验过程中的特殊情况说明。

3.2　试验项目承担人(签字)。

3.3　试验报告签发人(站长签字)。

3.4　试验报告签发日期。

技能训练

1. 填写农户施肥情况调查表。
2. 填写田间试验报告单。
3. 根据你所在的地区设计一个田间肥效试验方案。

4. 根据近年的肥效田间试验材料归纳总结一份田间肥效试验报告。

复习思考题

如何进行肥料田间试验?

五、配方施肥方案制订与实施

(一)肥料学基础知识

1.肥料种类及特点

肥料可分为:有机肥料、化学肥料、微生物肥料和新型肥料。其中有机肥料包括:人粪尿与禽畜粪便、堆肥、草炭等;化学肥料包括:氮肥、磷肥、钾肥、钙镁肥、硫肥、微量元素肥料、复混肥料、液体肥料。

(1)氮肥

氮肥含有作物营养元素氮的化肥。元素氮对作物生长起着非常重要的作用,它是植物体内氨基酸的组成部分,是构成蛋白质的成分,也是植物进行光合作用起决定作用的叶绿素的组成部分。氮还能帮助作物分殖。施用氮肥不仅能提高农产品的产量,还能提高农产品的质量。

氮肥的种类包括:铵态氮肥、硝态氮肥、酰胺态氮肥(尿素)。其中铵态氮肥包括:碳酸氢铵、硫酸铵、氯化铵、氨水、液氨等。硝态氮肥包括:硝酸钠、硝酸钙、硝酸铵等。

(2)磷肥

全称磷素肥料。以磷为主要养分的肥料。肥效的大小和快慢,磷肥决定于有效五氧化二磷含量、土壤性质、放肥方法、作物种类等。合理施用磷肥,可增加作物产量,改善作物品质,加速谷类作物 磷肥热法生产过程,分蘖和促进籽粒饱满;促使棉花、瓜类、茄果类蔬菜及果树的开花结果,提高结果率;增加甜菜、甘蔗、西瓜等的糖分;油菜籽的含油量。

常用磷肥与注意事项:

过磷酸钙:$Ca(H_2PO_4)_2$ 与 $CaSO_4$ 混合。能溶于水,为酸性速溶性肥料,可以施在中性、石灰性土壤上,可作基肥、追肥,也可作种肥和根外追肥。注意不能与碱性肥料混施,以防酸碱性中和,降低肥效;主要用在缺磷土壤上,施用要根据土壤缺磷程度而定,叶面喷施浓度为1%～2%。

镁磷肥:是一种以含磷为主,同时含有钙、镁、硅等成分的多元肥料,不溶于水的碱性肥料,适用于酸性土壤,肥效较慢,作基肥深施比较好。与过磷酸钙、氮肥不能混施,但可以配合施用,不能与酸性肥料混施,在缺硅、钙、镁的酸性土壤上效果好。

磷酸一铵和磷酸二铵:是以磷为主的高浓度速效氮、磷二元复合肥,易溶于水,磷酸一铵为酸性肥料,磷酸二铵为碱性肥料,适用于各种作物和土壤,主要作基肥,也可作种肥。

(3)钾肥

以钾为主要养分的肥料,主要钾肥品种有氯化钾、硫酸钾、磷酸二氢钾、钾石盐、钾镁盐、光卤石、硝酸钾、窑灰钾肥。能使作物茎秆长得坚强,防止倒伏,促进开花结实,增强抗旱、抗寒、抗病虫害能力。

(4)钙肥

具有钙(Ca)标明量的肥料。施入土壤能供给植物钙,并有调节土壤酸度的作用。

钙是构成植物细胞壁和细胞膜的主要成分之一,在维持膜的结构和功能方面具有重要作用。钙也是淀粉酶、磷脂酶、精氨酸激酶和腺苷三磷酸激酶在进行酶促反应时的辅助因素。近年在植物体内发现的一种含钙的蛋白,称钙调蛋白。当钙同钙调蛋白所具有的环状多肽链结合后,能使后者被激活,从而促进酶的活性。植物体中的NAD激酶、ATP酶,就是由于与激活的钙调蛋白结合为复合体而增强酶的活性，从而起促进植物代谢的作用。钙还与豆科植物根瘤的形成有关。通常，双子叶植物对钙的需要量大于单子叶植物。

钙肥的主要品种是石灰，包括：生石灰、熟石灰和石灰石粉（即磨碎的石灰石、白云石或贝壳的粉末），其主要成分为 $CaCO_3$ 或 $CaMg(CO_3)_2$。石膏及大多数磷肥，如钙镁磷肥、过磷酸钙等和部分氮肥如硝酸钙、石灰氮等也都含有相当数量的钙。

钙肥效果与土壤类型有关。中国华南地区土壤中含钙的基性原生矿物风化作用及淋溶作用强烈，钙大量淋失。该地区除石灰性冲积土、紫色砂页岩母质发育的土壤和长期施用石灰的土壤外，相当面积的红壤和砖红壤都明显缺钙，一般含钙量仅 0.02%；华中地区土壤的含钙量稍高，在 0.25%左右；而西北和华北地区的土壤则因有碳酸钙盐类的大量积聚，含钙极为丰富。在缺钙土壤施用石灰，除可使植物和土壤获得钙的补充外，还可降低土壤 pH，从而减轻或消除酸性土壤中大量铁、铝、锰等离子对土壤性质和植物生理的危害。石灰还能促进有机质的分解。石灰施用量因土壤性质（主要是酸度）和作物种类而异。红壤一般亩施 25～100 kg，多者可达 150 kg 左右；多用作基肥，常与绿肥作物同时耕翻入土。但施用过多会降低硼、锌等微量营养元素的有效性和造成土壤板结。

(5)镁肥

具有镁（Mg）标明量的肥料。施入土壤能提高土壤供镁能力。

镁是构成植物体内叶绿素的主要成分之一，与植物的光合作用有关。镁又是二磷酸核酮糖羧化酶的活化剂，能促进植物对二氧化碳的同化作用。镁离子能激发与碳水化合物代谢有关的葡萄糖激酶、果糖激酶和磷酸葡萄糖变位酶的活性；也是 DNA 聚合酶的活化剂，能促进 DNA 的合成。此外，镁还与脂肪代谢有关，能促使乙酸转变为乙酰辅酶 A，从而加速脂肪酸的合成。植物缺镁则体内代谢作用受阻,对幼嫩组织的发育和种子的成熟影响尤大。

镁肥分水溶性镁肥和微溶性镁肥。前者包括:硫酸镁、氯化镁、钾镁肥;后者主要有:磷酸镁铵、钙镁磷肥、白云石和菱镁矿。

不同类型土壤的含镁量不同,因而施用镁肥的效果各异。通常,酸性土壤、沼泽土和沙质土壤含镁量较低,施用镁肥效果较明显。在中国,华南地区由于高温多雨,岩石风化作用和淋溶作用强烈,土壤中含镁基性原生矿物分解殆尽,除石灰性冲积土、紫色页岩母质发育的土壤以及长期施用石灰的水稻土外,土壤含镁量都较低,如砖红壤的含镁量仅为0.2%。华中地区的土壤含镁量略高,可达0.40%。西北和华北地区则因土壤中含有大量的碳酸镁,供应镁的能力较强。中国由于长期施用钙镁磷肥,作物和土壤可从中补充到一定数量的镁,迄今除华南种植橡胶树的赤红壤地区外,需要专门施用镁肥的土壤不多。

(6)硫肥

具有硫(S)标明量的肥料。能增加土壤中有效硫的含量和供给植物硫,兼能调节土壤酸度。

硫是植物体内含硫蛋白质的重要组成分,约有90%的硫存在于胱氨酸和蛋氨酸等含硫氨基酸中。硫也是植物体内脂肪酶、羧化酶、氨基转移酶、磷酸化酶等的组成分,并参与某些生物活性物质如硫胺素、辅酶A、乙酰辅酶A等的组成。硫还能促进豆科植物形成根瘤和增加固氮能力。此外,某些硫肥还有改善土壤性质的作用。如施用硫黄粉或液态二氧化硫肥可降低石灰性土壤的pH,从而增加土壤中磷、铁、锰、锌等元素的有效性;石膏施于碱土时,其中的钙离子可代换出土壤胶体中的钠离子,形成硫酸钠盐(Na_2SO_4)随水排出土体,从而降低土壤中交换性钠的含量,减轻钠离子对土壤性质和作物的危害。

主要的硫肥种类有硫黄(即元素硫)和液态二氧化硫。它们施入土壤以后,经氧化硫细菌氧化后形成硫酸,其中的硫酸离子即可被作物吸收利用。其他种类有石膏、硫铵、硫酸钾、过磷酸钙以及多硫化铵和硫黄包膜尿素等。

硫肥肥效与土壤中硫的含量和形态关系极大。中国南方河口、海湾低地酸性硫酸盐水稻土的含硫量可高达2.3%；多数土壤的全硫量低于0.06%。通常，有机质较丰富的土壤和石灰性土壤含硫量较高。但土壤中的硫以有机态为主，无机态硫含量较少，有机态硫须经微生物分解转化为硫酸盐后方可为植物吸收利用。一般情况下，有效硫含量指土壤中能为作物吸收利用的硫元素的量。它包括易溶于水的或吸附于土粒表面的硫酸盐，以及有机硫中易分解的部分，低于10 mg/kg时，则需施用硫肥。中国南方水稻土的有效硫含量在10～30 mg/kg。

硫肥多作基肥用。施用量因土壤、作物而异。每亩以施用10～15 kg石膏或1.5～2.5 kg硫黄为宜；若用以蘸水稻秧苗的根部（俗称蘸秧根）则每亩只需1.5 ～2.5 kg石膏或0.5 kg硫黄粉。在矫正作物的缺硫症时，可用0.5%～2.0%的硫酸盐溶液进行叶面喷施（又称根外追肥）。

在田间，作物除从土壤和硫肥中得到硫外，还可通过叶面气孔从大气中直接吸收SO_2（来源于煤、石油、柴草等的燃烧）；同时，大气中的SO_2也可通过扩散或随降水而进入土壤—植物体系中。在决定硫肥施用量时须考虑这些因素。

(7)微量元素肥料

作物对微量元素的需要量不大，但土壤中微量元素的含量受成土母质的影响，各地差别很大，当土壤中的微量元素不能满足作物生长需要，就会导致微量元素缺乏症，影响作物产量，另外施用微量元素还可改善作物品质。

微量元素肥料一般用量很小，所以在生产实践中要注意不同肥料的性质，表5-1列出了几种常用微量元素肥料的成分、性质和施用要点，供实践中参考。

表 5-1　微量元素肥料中常用种类的名称、成分、含量、性状和施用要点

种类	肥料名称	主要成分	含量*（%）	主要性状	施用要点
硼肥	硼砂	$Na_2B_4O_7 \cdot 10H_2O$	11	白色结晶或粉末，在40℃热水中易溶	一般做基肥、叶面追肥。做基肥时亩用量为0.5～1 kg,可同氮磷肥或细干土混合后,均匀撒施;叶面喷肥浓度为0.1%～0.3%硼酸溶液，在作物开花前喷
	硼酸	H_2BO_2	17.5	性状同硼砂,易溶于水	
	硼泥	除含硼外,还含有镁、钙等元素	0.5～2	工业废渣,呈碱性,用于酸性土。在石灰性土壤上,需中和后施用	
锰肥	硫酸锰	$MnSO_4 \cdot 3H_2O$	26～28	粉红色结晶,易溶于水	一般做基肥、叶面追肥或浸种和拌种用。做基肥时亩用量1 kg左右,可同氮磷肥或细干土混合后,均匀撒施;叶面喷肥浓度为0.1%～0.2%硫酸锰溶液,在作物开花前喷;浸种浓度为0.05%～0.1%的硫酸锰溶液;拌种时每千克种子可拌硫酸锰4～8 g
	氯化锰	$MnCl_2 \cdot 4H_2O$	27	粉红色结晶,易溶于水	
	锰矿渣		6～22	是炼锰工业的废渣,难易溶于水	
锌肥	硫酸锌	$ZnSO_4 \cdot 7H_2O$	23～24	白色或橘红色结晶,易溶于水	一般做基肥、叶面追肥或浸种和拌种用。做基肥时亩用量1 kg左右,可同生理酸性肥料或细干土混合后,均匀撒施,但不要同磷肥混合;叶面喷肥浓度为0.2%硫酸锌溶液;浸种浓度为0.02%～0.05%左右的硫酸锌溶液;拌种时每千克种子可拌硫酸锌4～6 g
	氯化锌	$ZnCl_2$	40～48	白色结晶,易溶于水	
	氧化锌	ZnO	70～80	白色的粉末,难溶于水	

续表 5-1

种类	肥料名称	主要成分	含量*（%）	主要性状	施用要点
铜肥	硫酸铜	$CuSO_4 \cdot 5H_2O$	24～25	蓝色结晶，易溶于水	一般做基肥、叶面追肥或浸种和拌种用。做基肥时亩用量 1 kg 左右，可同氮磷肥或细干土混合后，均匀撒施；叶面喷肥浓度为 0.01%～0.05%硫酸铜溶液；浸种浓度为 0.01%～0.05%左右的硫酸铜溶液；拌种时每千克种子可拌硫酸铜 2～4 g
	铜矿渣		0.3～1	炼铜工业的废渣，难溶于水，只能做基肥，用于酸性土壤	
钼肥	钼酸钠	$Na_2MoO_4 \cdot 2H_2O$	39.6	青白色结晶，易溶于水	一般做基肥、叶面追肥或浸种和拌种用。做基肥时亩用量 50 g 左右，可同细干土混合后，均匀撒施；叶面喷肥浓度为 0.05%～0.1%钼酸铵溶液，在作物开花前喷；浸种浓度为 0.05%～0.1%左右的钼酸铵溶液；拌种时每千克种子可拌钼酸铵 2～3 g
	钼酸铵	$(NH_4)_6Mo_7O_{24} \cdot 4H_2O$	54	青白色或黄色结晶，易溶于水	
	钼渣		10	炼钼工业的废渣，难溶于水，只能做基肥	

* 含量分别指各微量元素的单质百分数。

(8)复混肥料

复混肥料是指由几种单质肥料或单质肥料与化成复合肥料相混而成的肥料的总称。

生产复混肥料可以物化施肥技术，提高肥效，减少施肥次数，节省施肥成本。生产和施用复混肥料引起世界各国的普遍重视。复混肥料是世界化肥工业发展的反响，全世界的消费量已超过化肥总消费量的 1/3，而我国约占国内化肥总消费量的 18%，我国作物多样化，土壤也由过去克服单一营养元素缺乏的所谓“校正施肥”转入多种营养成分配合的“平衡施肥”。为此,加速发展复混肥工业已是势在必行。

复合肥料是通过化合(化学)作用或混合氨化造粒过程制成的,有明显化学反应,在我国也有人称之为化成复肥。复合肥料一般都在大、中型工厂进行,品种和规格往往有限,较难适应不同土壤、作物的需要,在施用时需要配合某一二种单质化肥加以调节养分比例。

混合肥料是将两种或三种单质化肥,或用一种复合肥料与一二种单质化肥,通过机械混合的方法制取不同规格即不同养分配比的肥料,以适应农业要求,尤其适合生产专用肥料。复混肥料中营养元素成分和含量,习惯上按氮(N)—磷(P)—钾(K)的顺序,分别用阿拉伯数字表示,“0”表示无该营养元素成分。如18-46-0表示为含N 18%,含P_2O_5 46%,总养分64%的氮磷二元复混肥料;15-15-15表示为含N、P_2O_5、K_2O各15%,总养分为45%的三元复混肥料复混肥料中含有中、微量营养元素时,则在后面的位置上表明含量并加括号注明元素符号。如18-9-12-4(S)为含中量元素硫的三元复混肥料。将上述表示方法称肥料规格或肥料配方。商品复混肥料的营养元素成分和含量在肥料口袋上都明确标记。

(9)液体肥料

液体肥料(fluid fertilizer)又称流体肥料,俗称液肥,是以含有一种或是一种以上的作物所需的营养元素的液体产品。这些营养元素作为溶质溶解在水中成为溶液或借助悬浮剂的作用悬浮于水中成为悬浮液。液体肥料发展至今,品种甚多,大致可以分为液体氮肥和液体复混肥料两大类。其中液体氮肥的有效物质有铵态、硝态和酰胺态氮,如液氨、氨水、氮溶液。液体复混肥含有植物生长所需的全部营养元素,如氮、磷、钾、钙、镁、硫和微量元素等,也可以加入溶于水的有机物质(如腐殖酸、氨基酸、植物生长调节剂等)。液体肥料可以根据作物生长所需要的营养需求特点来设计肥料配方，随时根据作物不同长势对肥料配方作出调整。科学的配方可以显著地提高肥料利用率，液体肥料的肥效通常比常规复合肥料高30%以上。

液体复混肥料又分为清液肥料和悬浮肥料，清液肥料是指把作物生长所需的养分全部溶解在水中，形成澄清无沉淀的液体。悬浮肥料中的养分没有全部溶解而是通过添加助剂，使植物所需的养分悬浮在液体中，两种液肥在生产实践中各自发挥着其不同的优势和特点，清液肥料中所有的养分都溶解在液相中，形成均匀一致的液体，能在机械施肥中发挥固体肥料所做不到的优势。但清液肥料存在一个养分含量低的弱点。所以清液液体肥料的运输成为问题。为了解决液体肥料长距离运输的问题，所以开发研究了悬浮肥料，由于悬浮肥料中的养分粒子大多数是以悬浮态形式存在的，所以悬浮肥料中的养分含量很高，有的悬浮肥料的养分含量高达50%。另外，生产清液肥料对原料的要求比悬浮肥料高，清液肥料要求所有的原料都是水溶性很好的成分，这样才能保证清液肥料的澄清性，而悬浮肥料则没有这种要求，对于一些不溶于水的氧化物如氧化镁、氧化锌都可以作为生产悬浮肥料的原料。

液体肥料在其养分表示形式上与固体肥料大同小异，一般用 $N\text{-}P_2O_5\text{-}K_2O$ 来表示液体肥料中的不同配比。如20-10-20，则表示这个配方的水溶性肥料中的总氮含量是20%，五氧化二磷10%，氧化钾20%。有些产品也会用 $N\text{-}P_2O_5\text{-}K_2O+TE$ 表示，TE则表示肥料中含有微量元素，生产厂商一般会在技术手册中说明肥料中微量元素的含量以及形态。在清液肥料中微量元素一般以螯合态微量元素居多，悬浮肥料中的微量元素可以是一些金属氧化物，这些金属氧化物施入土壤后可以被植物慢慢吸收，对矫正植物微量元素缺乏症有明显效果。

(10)有机肥料

①传统有机肥。有机肥也叫农家肥，是一些富含有机物质的

肥料,在农业生产中使用的历史比较悠久,近年来随着化肥的大量施用,农田有机肥施用量逐渐减少,但在蔬菜或经济作物生产中,有机肥仍然是一项重要的肥源,而且起着其他两大类肥料所起不到的作用。这与有机肥的特点是分不开的。

有机肥中含量大量的有机物质,不仅可提供作物生长所需要的各类营养物质,而且能改良土壤的结构、增强土壤保水保肥的能力。有机质分解后产生腐殖酸、维生素、抗生素和各种酶,改善了作物根系的营养环境,促进了作物根系及地上部的生长发育,提高了作物对养分的吸收能力。有机质分解所产生的有机酸还可提高土壤中微量元素的活性。

有机肥的来源复杂,种类繁多。常用的种类有人粪尿、棚圈肥、禽粪、堆肥、草炭等。

②商品有机肥。

主要原材料:由畜禽粪便、秸秆粉末、草炭、腐殖酸等纯有机原料、沸石粉等矿物料和微生物菌剂。

加工工艺:将原材料按一定比例投入发酵池中,再加入千分之三至千分之五有机物料腐熟剂,用有机肥生产专用设备,经搅拌、翻抛机翻倒增氧、堆放发酵除臭、去除有害物质、烘干(造粒)、冷却、筛分、检测、称量、包装、产成品入库。

产品特点:本产品为工厂化生产加工的有机肥料,在整个生产过程中不加入任何化肥,不含有难以控制的有害物质的有机原料,产品为黑褐色粉状、质地松散、无恶臭味,含有大量有机质和适量的氮、磷、钾元素,还含有铁、锰、铜、锌、硼、钼等微量元素,具有养分全面、供肥作用持久、提高肥料利用率、改良土壤、培肥地力、提高作物产量、改善品质的作用。

主要技术指标:有机肥产品质量符合 NY 525—2011 标准,主要技术指标:有机质含量≥45%、养分含量($N+P_2O_5+K_2O$)≥5.0%、水分含量(游离水)≤30%、pH 5.5~8.5,蛔虫卵死亡率和粪大肠杆菌群数指标符合 NY 884 标准要求，重金属含量等有害物质的控制指标总砷 As≤15 mg/kg、总镉 Cd≤3 mg/kg、总铅 Pb≤50 mg/kg 、总铬 Cr≤150 mg/kg 、总汞 Hg≤2 mg/kg。薄膜编织袋或塑料编织袋衬聚乙烯包装。每袋净含量(50±0.5)kg、(40±0.4)kg。要求储存于阴凉干燥处，在运输过程中应注意防潮、防晒、防止包装袋破裂。

使用说明：适用于小麦、玉米、水稻、花生、大豆、西瓜、蔬菜、药材、果树、园林草坪等多种植物，适合做基肥、追肥，穴施、沟施、撒施均可，一定要与土壤充分搅匀。每亩用量 300～500 kg，与化肥配合使用可适当减少化肥用量，提高化肥利用率，有改良土壤、培肥地力、提高作物产量、改善品质的显著作用。若是有机种植应适当增加有机肥料的用量(在技术人员指导下，根据土壤养分测试结果和作物需肥规律，确定合理的用量及施用方法)。

③生物有机肥。生物有机肥是由畜禽粪便、秸秆、农副产品与食品加工的固体废料经有益微生物发酵、加工而成的有机肥料。生物有机肥料除含有大量有机质和适量的氮、磷、钾元素外，还含有大量活的有益微生物菌体和微生物代谢物。生物有机肥兼有微生物接种剂和有机肥的作用。

产品特点：生物有机肥含有大量已知有益微生物和微生物代谢产物。

生产工艺：一特生物有机肥是用枯草芽孢杆菌、胶冻样芽孢杆菌和酵母菌等多种微生物混合对有机固体废弃物进行发酵、加工而成。

主要技术指标：生物有机肥(粉剂)产品质量符合 NY 884—2004 标准。主要技术指标：有效活菌数≥2×10^7/g，有机质含量≥25%、水分含量(游离水)≤30%、pH 5.5～8.5，重金属含量等有害物质的控制指标符合 NY/T 798—2004 标准。塑料编织袋衬聚乙烯包装。每袋净含量(50±0.5) kg。应储存于阴凉干燥处，在运输过程中应注意防潮、防晒、防止包装袋破裂。

(11)有机肥料与化肥的关系

①有机肥料和化肥的相互补充。

a. 化肥养分含量高,养分种类单一;而有机肥料养分种类齐全,但养分含量较低。化肥给作物需要较多的养分提供了保证,而有机肥料给作物全面营养提供了保证,尤其是在微量营养元素方面更为突出。两者配合施用,既有利于土壤养分的平衡,又能比较全面地满足了作物对养分的需求。

b. 化肥养分多为速效态,肥效发挥较快,但肥效短,后劲不足;而有机肥料养分多为缓效态,虽然肥效发挥较慢,但肥效较长,后劲足,更利于作物后期生长。化肥与有机肥料配合施用,可以使肥效缓急相济,既满足了作物当前对养分的需要,又保证了作物生长后期对养分的需求。

c. 化肥不含有机质,不仅不能起到改良土壤结构的作用,相反,长期单一使用化肥还会造成土壤板结,破坏土壤结构;而有机肥料含有大量的有机质,既可以给作物提供营养,又能起到改良土壤理化性质的作用,弥补了化肥的缺陷。有机肥料还含有大量的有益微生物,能促进土壤中物质的转化,起到了化肥不能起到的作用。

d. 多数化肥有酸碱反应,而有机肥料具有较强的酸碱缓冲能力,可以缓解使用化肥给土壤局部造成的酸碱变化。

e. 施用化肥成本较高,但较为清洁,储存、运输和施用更便捷;有机肥料体积庞大,来源广泛,生产成本低,储存、运输和施用耗费人力和物力较多,且传统方法积制的有机肥料脏、臭。两者配合施用,可以相互抵消,将生产成本控制在相对较低的水平。

②有机肥料和化肥的相互促进。

a. 化肥中提供的充足养分调节了有机肥料中的养分比例,更好地满足了土壤微生物的需求,从而加快了有机肥料的转化,促进了有机肥料肥效的发挥。

b.有机肥料中所含的大量的腐殖质，可以较好地保护化肥中的养分不被土壤固定，促进了化肥肥效提高，使化肥的利用率有较大幅度的提高。有机肥料中的腐殖质，含有大量的活性基团，可以和许多金属阳离子形成稳定的配位化合物，使化肥中的磷素固定几率下降。有机肥料中的腐殖质，有强度大的吸附能力，将化肥中的 K^+ 、NH_4^+ 牢固地吸附在有机肥料中，减少了 K^+ 、NH_4^+ 的随水流失和土壤晶格固定。

总之，从化肥和有机肥料的特点不难看出，化肥和有机肥料是两种性质不同的肥料，它们所起到的作用不能相互替代的，有机肥料和化肥配合施用，可以相互补充，缓急相济，又可以相互促进两者的肥效发挥，既提高了农产品的产量和品质，同时，又起到了培肥土壤和改良土壤，提高土壤肥力的作用；既降低了生产成本，获得了较好的经济效益，同时也促进了有机废弃物的循环利用，产生了良好的环境效应。因此，在农业生产中，应大力提倡化肥和有机肥料配合施用。

2.不同种植类型的测土配方施肥技术

本节以北京地区的几个大田种植类型来举例说明测土配方施肥技术，其他地区可作为参考，并根据当地具体情况进行测土配方施肥。

(1)小麦、玉米两茬平播测土施肥技术

小麦、玉米两茬平播消耗的土壤养分量较多，两种作物需肥规律及生长期间的土壤供肥能力也差别很大。把两种作物作为整体考虑，因地制宜制订施肥方案，是获得两茬高产，保持地力经久不衰的关键。

①有机肥施用技术。合理施用有机肥是培肥地力的关键，有机肥的施用既要考虑肥源，还要考虑劳力、农时、气候、农机等多种因素。在有机肥的施用上存在以下问题：黄的(人粪尿)不要；粗的

(土杂肥)不挑;绿的(绿肥)不种;乱烧秸秆。使有机肥的施用面积和数量减少,城市粪肥很少利用,秸秆还田率低,因而使土壤肥力下降,影响了农作物的持续增产。

小麦生长期长,又有一个较长的越冬期,由于气温低、微生物活动较弱,有机肥在土壤中腐解时间长,易于发挥培肥改土、提高土壤肥力的效果。玉米生长期间高温多湿,微生物活动强,对土壤有机质的消耗量较大,在玉米收获后及时补充有机质很有必要。北京地区采用小麦、玉米两茬平播,光热资源略显不足,往往导致玉米不能按时成熟,常采用抢收小麦、抢种玉米的措施来弥补光热资源的不足。从农时和培肥效果出发,一般把有机肥多投入在小麦上,作为底肥一次施入。北京地区有机肥多投入在小麦上,还与玉米秸秆还田技术比较成熟有关。

平原地区有机施肥方式主要是玉米秸秆还田。由于平原地区玉米机械化收割已普及,可将玉米秸秆粉碎直接还田。其操作要点是先用大型玉米联合收割机在收获玉米同时,粉碎玉米叶片和上部茎秆,然后用小型平茬机粉碎玉米下部茎秆,最后将完全粉碎的玉米秸秆翻到地下。在山区可采用玉米秸秆整体覆盖技术,具体操作要点是在玉米收获时将玉米秸秆整理好,打成捆,玉米根部压顶部,按顺序一行行整齐地摆在地上,在玉米秸秆间可播种小麦,也可在第二年播玉米。小麦秸秆由于还田技术还不过关,大多数地区都是将其在地中直接烧掉,使大量有机质白白浪费掉,可将小麦秸秆收集起来,利用夏季高温多雨的有利条件堆制有机肥。有条件的地区也可采用铁茬播种技术,但应注意病虫害的防治。

在山区和养殖业发达的地区,有机肥的投入方式主要是畜禽粪便的施用,其中鸡粪施用面积大一些,一般亩施鸡粪 2 000 kg 左右。

②化肥施用技术。在目前有机肥施用数量有限的情况下,大多数养分还需通过施用化肥来补充。小麦、玉米对各营养元素的

需求量不一样,有些营养元素具有明显的后效。“小麦胎里富,基肥是基础”,在旱地麦田实行“三肥一炮轰”,即把农家肥、氮肥和磷肥全用作基肥。玉米施肥时要注意施肥方法,农谚“施肥一大片(撒施)不如一条线(沟施),一条线不如一个点(穴施)”,施肥量小时更应注意如此。合理施用化肥应充分考虑作物对肥料的反应,全年各时期土壤供肥性能和肥料在土壤中的变化。

a. 氮肥。小麦、玉米对氮的需求量比较大,30%～50%的产量是通过施用氮肥而获得。氮在土壤中比较活跃,施到土壤中的氮除被作物吸收利用外,还会挥发、淋溶损失掉。土壤中硝态氮积累过多,还会向下淋溶,污染地下水。作物对氮反应也比较敏感,施氮不足,作物生长不良,产量上不去;施氮过多,作物贪青晚熟,小麦还容易倒伏。氮肥的合理施用,应考虑土壤供氮能力和目标产量。目标产量越高,小麦、玉米生长所需氮量越大,施氮量就越多;土壤越肥沃,土壤供氮能力越强,同样目标产量下,施氮量应减少。根据北京市土肥工作站多年试验结果,北京地区小麦、玉米合理施氮量见表 5-2。

表 5-2 北京地区小麦-玉米两茬平播合理施肥量 kg/亩

土壤肥力水平	目标产量		小麦施氮量	玉米施氮量
	小麦	玉米		
高	450～500	500～600	12～14	12～13
中	400～450	400～500	14～15	13～14
低	350～400	300～400	15～17	14～15

b. 磷肥。小麦、玉米施用磷肥有明显增产作用,两种作物比较,小麦施磷增产、增收幅度大于玉米。这是因为小麦生长期间土壤温度较低、土壤中磷的移动性和小麦根系吸收磷的能力较弱。磷肥具有明显的后效,因此可把磷肥投入的重点放在小麦上,玉米则主要利用前茬小麦施磷的后效。根据北京市土肥站小麦、玉米

两茬平播施肥试验资料,当土壤速效磷含量高于 20 mg/kg 时,全年磷肥料应全部用于小麦;当土壤速效磷含量低于 20 mg/kg 时,全年磷肥的 2/3 用于小麦,1/3 用于玉米。小麦、玉米磷肥合理施肥方案见表 5-3。

表 5-3 北京地区小麦-玉米两茬平播合理施肥量 kg/亩

土壤肥力水平	目标产量		小麦施磷量	玉米施磷量
	小麦	玉米		
高	450～500	500～600	9～10	0～3
中	400～450	400～500	8～9	3～5
低	350～400	300～400	7～8	5～7

合理施用磷肥,还应防止磷肥过量施用。一次施用磷肥过多或土壤速效磷含量过高,会造成锌等微量元素的缺乏。

c.钾肥。北方土壤的供钾能力,相对于供氮和供磷能力而言是比较丰富的,一般认为北方土壤不缺钾。但随着作物产量的提高,作物从土壤中带走的钾量也增多,某些地块已表现出缺钾的症状。在北京地区试验表明:小麦施钾增产不明显,但在玉米茬施钾效益较高。在小麦、玉米两茬平播,钾肥应重点施在玉米上。当土壤速效钾低于 80 mg/kg,或小麦目标产量在 400 kg 以上,玉米目标产量在 600 kg 以上就应施用钾肥,一般亩施氧化钾 8～10 kg。

d.微量元素。北方地区土壤微量元素比较缺乏,小麦、玉米两茬平播从土壤中带走的微量元素比较多,容易造成微量元素的缺乏。小麦、玉米对不同微量元素的反应不同,小麦易缺锰,玉米对锌比较敏感,因此在小麦上应注意施锰,玉米应注意补锌。

(2)小麦、水稻两茬平播测土施肥技术

小麦、水稻两茬平播,土壤干湿交替,土壤性质和微生物状况发生明显变化。要获得小麦、水稻的双丰收,就需要针对这些变化合理制订施肥方案。

①有机肥施用技术。小麦、水稻两茬平播土壤养分消耗量较大,不注意有机肥施入就会造成地力下降。小麦和水稻本身对土壤肥力的依赖程度较大,因此应合理施用有机肥。

水稻对有机肥的施用要求腐熟、适量,如果大量施用,水稻中期容易旺长;施用不腐熟的有机肥会在秧田发酵,对水稻生长不利。另外,麦收插秧时,劳动力和农时都比较紧张,有机肥投入重点应放在小麦上。

②化肥施用技术。

a. 氮肥。不同形态氮肥在水田和旱田有不同的移动规律。水田施用硝态氮肥,氮素可随水移到还原层,因反硝化作用造成脱氮损失,或因随水下渗造成氮的流失。因此,水田不宜使用硝态氮肥,铵态氮肥和酰胺态氮肥用于水田、旱田均可。

小麦全生育期施氮量与小麦玉米两茬平播制相同。水稻全生育期亩需施氮 12～15 kg,土壤肥力越高,施氮量可少些,目标产量越高,施氮量也应稍高一些。麦茬稻生长季节短,氮肥施用上应“攻前保后”,即重施底肥,根据苗情早施、重分蘖肥,酌情施用穗肥。

b. 磷肥。旱田改为水田后土壤磷的有效性提高,小麦上施用磷肥在水稻上具明显的后效;而施在水稻上的磷,当水田落干后一般后效很小。因此,在小麦、水稻两茬平播制的磷肥施在小麦上更能发挥磷肥的增产效果。小麦茬亩施五氧化二磷 8～12 kg 即可满足全年对磷的需要,土壤速效磷含量越高,磷肥施用量可减少,目标产量越高磷肥用量也应随之增加。

c. 钾肥。小麦、水稻两茬平播对土壤养分的消耗量较大,随着产量的提高从土壤中带走的钾量也增多,一些地块已表现出缺钾的症状。由于水稻茬不施用有机肥,因此小麦水稻两茬平播中钾肥应重点施在水稻上,一般亩施氧化钾 8～10 kg。

d. 微量元素。旱田变为水田后土壤有效磷含量提高,但也导致锌等微量元素的缺乏,当土壤有效锌含量低于 0.5 mg/kg,应合理施用锌肥。

(3)春玉米测土施肥施肥技术

北京地区的种植春玉米一种为一年一茬,还有一种采用春玉米与冬小麦－夏玉米两年三熟制。春玉米生长期长,植株高大,对土壤养分的消耗较多;北京地区春玉米多种植在山区或平原地区耕作条件较差的地区,土壤养分含量较低;春玉米生长前期低温少雨,土壤养分的有效性比较低,因此对春玉米来讲更应注意合理施肥。

①有机肥的施用。春玉米生长期长,光热资源充分,增产潜力大,为了获得高产并保持土壤肥力,应注意施用有机肥。一般亩施优质有机肥 3 000 kg 以上。没有灌溉条件的地区,为了蓄墒、保墒,可在冬前把有机肥送到地中,均匀撒开翻到地下;有灌溉条件的地区既可冬前施入有机肥,也可在春耕时施入有机肥。

②化肥的合理施用。春玉米对养分的需求量较大,需大量补充化肥。北京市土肥工作站经过多年肥料试验,提出了春玉米推荐施肥方案(表 5-4)。由于早春土壤温度低,干旱多风,磷钾肥在土壤中的移动性差,一般全部用作底肥。春玉米生长期长,氮在土壤中又易损失,故氮肥宜分几次施用:苗期氮的需要量较少,以全生育期总施氮量的 20%作底肥;拔节孕穗期,生长明显加快,养分需求量加大,应以全生育期总施氮量的 40%在小喇叭口期追施;抽雄以后,植株生长更为旺盛,需肥需水量大增,应以全生育期施氮量的 40%在大喇叭口期追施。玉米对锌比较敏感,北京地区土壤缺锌比较普遍,因此要注意补充锌。可在有机肥中渗入硫酸锌,一般亩用量为 1 kg,也可以在苗期喷 1～2 次硫酸锌溶液,浓度为 2%。

表 5-4　北京地区春玉米推荐施肥方案　　kg/亩

肥力等级	空白产量	推荐施肥量			目标产量
		N	P_2O_5	K_2O	
低	<200	12～14	6～7	5～6	400～450
中	200～300	13～15	6～7	6～7	450～550
高	300～400	14～16	5～6	7～8	550～650
极高	>400	15～17	5～6	8～10	>650

(二)肥料的简易识别方法

1.尿素

尿素外观为白色,球状颗粒,总氮含量≥46.0%,容易吸湿,吸湿性介于硫酸铵和硝酸铵之间。尿素宜溶于水和液氨中,纯尿素在常压下加热到接近熔点时,开始显现不稳定性,产生缩合反应,生成缩二脲,对作物失去肥效。如在炉子上放一块干净的铁片,将尿素颗粒放在上面,可见尿素很快熔化并挥发掉,同时。冒出少量白烟,闻到氨味。

2.硫酸铵

农业用硫酸铵为白色或浅色副产品带微黄或灰色的结晶,氮含量≥20.8%(Ⅱ级品)。硫酸铵易吸潮,易溶于水,水溶液呈酸性,与碱类物质作用放出氨气。当硫酸铵放在火上加热时,可见到缓慢地熔化,并伴有氨味和二氧化硫味放出。

3.硝酸铵

硝酸铵外观为白色,无肉眼可见的杂质,农业品允许带微黄色。总氮含量≥34.4%(Ⅱ级)。硝酸铵具有很强的吸湿性和结块性,其水溶液在温度发生变化时,会发生重结晶现象,对热的作用十分敏感,大量的硝酸铵受热易分解,可发生燃烧现象(避免引起爆炸),并伴有白烟产生,可闻到氨气味,水溶液呈酸性。

4.氯化铵

氯化铵为白色晶体,农业品允许带微黄色,氮含量 22.5%～25%,易溶于水,在水中溶解度随温度升高而显著提高,水溶液呈酸性。氯化铵吸水性强,易结块,将少量氯化铵放在火上加热,可闻到强烈的刺激性气味,并伴有白色烟雾,氯化铵会迅速熔化并全部消失,在熔化的过程中可见到未熔部分呈黄色。

5.农业用碳酸氢铵

外观为白色或微灰色结晶,有氨气味,氮含量≥16.80%(Ⅱ级)。吸湿性强,易溶于水,水溶液呈弱酸性。简易鉴别碳酸氢铵时,可用手指拿少量样品进行摩擦,即可闻到较强的氨气味。

6.过磷酸钙

外观为深灰色、灰白色、浅黄色等,疏松粉状物,块状物中有许多细小的气孔,俗称"蜂窝眼"。有效五氧化二磷含量≥12.0%(合格品Ⅱ)。稍带酸味,是一种酸性化学肥料,对碱的作用敏感,易失去肥效。一部分能溶于水,水溶液呈酸性。一般情况下吸湿性较小,如空气湿度达到80%以上时有吸湿现象,结成硬块。加热时不稳定,可见其微冒烟,并有酸味。

7.钙镁磷肥

外观为灰白色、灰绿色或灰黑色粉末,看起来极细,在阳光的照射下,一般可见到粉碎的、类似玻璃体的物体存在,闪闪发光。五氧化二磷含量≥12.0%(合格品)。不溶于水,不易流失,不吸潮,无毒性,无腐蚀性,在火上加热时,看不出变化。

8.复混肥料

外观应是灰褐色或灰白色颗粒状产品,无可见机械杂质存在。有的复混肥料中伴有粉碎不完全的尿素白色颗粒结晶,或在复混肥料中尿素以整粒的结晶单独存在。低浓度复混肥总养分≥25%,中浓度复混肥总养分≥30%,高浓度复混肥总养分≥40%,

其中单一养分含量不得低于4%。复混肥稍有吸湿性，吸潮后复混肥颗粒易粉碎，无毒、无味、无腐蚀性，仅能部分溶于水。常用复混肥料在火焰上加热时，可见到白烟产生，并可闻到氨的气味，不能全部熔化。

9.农业用硫酸锌

外观为白色或微带颜色的针状结晶。七水硫酸锌的锌含量应≥21.8%。硫酸锌易溶于水，其水溶液显酸性。

10.磷酸二氢钾

外观为白色结晶。农业用磷酸二氢钾含量应为92.0%（以干基计）。磷酸二氢钾易溶于水，水溶液呈酸性。

（三）肥料的混配原则和方法

肥料可以单独使用，但生产中为了发挥肥料的最大效果，减少操作次数，提高工作效率，常把肥料同别的肥料及农药、除草剂等混合施用。

肥料间的混合：

肥料有酸性的，也有碱性的，不同肥料中所含离子也不同，有的肥料之间会相互发生作用。因此，并非所有的肥料都可以混合使用。根据肥料混合后所发生的反应，我们把肥料间的相互作用分为3类。

第一类：可以混合。两种或两种以上肥料混合以后，养分不但没有损失，而且还改善了物理性状，加速了养分转化，提高了肥效。

第二类：可以暂时混合。两种或两种以上肥料混合后，若立即施用无不良影响，若混合后长期放置，就会引起养分损失或物理性状的恶化。

第三类：不可混合。两种或两种以上肥料混合后会引起养分的损失。

常见肥料品种之间的混合情况见表 5-5,表中“+”、“⊕”和“—”本别依次表示以上 3 类。

表 5-5　肥料混合情况

肥料品种	人粪尿	厩肥	硫酸铵	尿素	氯化铵	碳酸氢铵	硝酸铵	硝酸铵钙	氨水	钙镁磷肥	过磷酸钙	磷矿粉	骨粉	草木灰	氯化钾	硫酸钾
硫酸钾	⊕	⊕	+	+	+	⊕	⊕	⊕	-	⊕	-	+	+	⊕	+	+
氯化钾	⊕	⊕	+	⊕	+	⊕	⊕	⊕	⊕	⊕	-	+	+	⊕	+	
草木灰	-	-	-	-	⊕	-	-	-	-	⊕	-	-	-	+		
骨粉	+	+	⊕	⊕	⊕	-	⊕	⊕	⊕	-	-	⊕	+			
磷矿粉	+	+	⊕	⊕	⊕	-	⊕	⊕	⊕	-	-	+				
过磷酸钙	+	+	+	⊕	⊕	⊕	⊕	-	⊕	-	+					
钙镁磷肥	⊕	+	⊕	⊕	⊕	-	⊕	⊕	⊕	+						
氨水	⊕	+	-	-	-	-	-	-	+							
硝酸铵钙	-	⊕	⊕	⊕	⊕	-	⊕	+								
硝酸铵	⊕	⊕	⊕	⊕	⊕	⊕	+									
碳酸氢铵	-	-	⊕	-	⊕	+										
氯化铵	⊕	⊕	⊕	⊕	+											
尿素	-	⊕	⊕	+												
硫酸铵	⊕	⊕	+													
厩肥	+	+														
人粪尿	+															

(四)肥料配方

1. 测土配方施肥的方法

确定肥料的配方及合理用量的方法多种多样,从便于生产上应用角度出发,可分为以下几类。

(1)目标产量法

①养分平衡法。作物生长所需要养分来源于土壤和肥料。目标产量所吸收的养分量减去土壤所能供应的养分量,其余部分就

是需要通过施肥来补充的养分量。具体计算公式如下：

$$\text{肥料用量}=\frac{\dfrac{\text{作物单位产量}}{\text{养分吸收量}}\times\text{目标产量}-\dfrac{\text{土壤速效养}}{\text{分测定值}}\times 0.15\times\dfrac{\text{校正}}{\text{系数}}}{\text{肥料中养分含量}\times\text{当季肥料利用率}}$$

说明：a."目标产量"一般以当地前三年在正常气候条件下的平均产量为基数，再增加5%～15%来确定。

b."作物单位产量吸收养分量"指作物每生产一个单位(如100 kg)经济产量所吸收的养分数量。它不仅包括收获的产品器官中所含的养分量，也包括茎叶等非产品器官所含的养分量。常见作物单位产量的养分吸收量见表5-6。

表5-6　不同作物单位产量的养分吸收量

(形成100 kg经济产量所吸收的养分数量，kg)

作物	收获物	氮(N)	磷(P_2O_5)	钾(K_2O)
水稻	籽粒	2.20	1.10	2.60
冬小麦	籽粒	3.00	1.25	2.50
玉米	籽粒	2.57	0.86	2.14
大豆	豆粒	7.20	1.80	4.00
棉花	籽棉	5.00	1.80	4.00
花生	荚果	6.80	1.30	3.80

c."土壤速效养分测定值"指用化学分析方法所测定的土壤中可以被作物吸收利用形态的养分含量，氮一般常用碱解氮，磷为Olsen-P，钾指速效钾。

d."校正系数"用化学方法测定的土壤速效养分测定值当季不可能被作物完全吸收，必须加以校正，其测定公式为：

$$\text{校正系数}=\frac{\text{空白田产量}\times\text{作物单位养分吸收量}}{\text{养分测定值}\times 0.15}$$

e."肥料养分含量"指肥料所含的纯养分量,常见肥料种类所含纯养分量见表5-7。

表5-7　常见化肥有效养分含量

化肥名称	有效养分含量(%)	化肥名称	养分含量(%)
硫酸铵	N 20.8	钙镁磷肥(Ⅰ级)	P_2O_5 18
碳酸氢铵	N 17	钙镁磷肥(Ⅱ级)	P_2O_5 16
尿素	N 46	钙镁磷肥(Ⅲ级)	P_2O_5 14
氯化铵	N 25	钙镁磷肥(Ⅳ级)	P_2O_5 12
液氨	N 82	重过磷酸钙	P_2O_5 40～52
过磷酸钙(Ⅰ级)	P_2O_5 18	磷酸一铵	N 11～13,P_2O_5 51～53
过磷酸钙(Ⅱ级)	P_2O_5 16	磷酸二铵	N 18,P_2O_5 46
过磷酸钙(Ⅲ级)	P_2O_5 14	氯化钾	K_2O 60
过磷酸钙(Ⅳ级)	P_2O_5 12	硫酸钾	K_2O 50

f."当季肥料利用率"指肥料施入土壤后,作物当季吸收利用的养分量占所施养分总量的百分率。它是一个变数,因土壤肥力状况、气候条件、耕作方式、施肥量等变化而变化。氮肥利用率在水田为20%～25%,旱田为30%～40%;磷肥利用率在旱田为10%～25%,在水田为30%～40%;钾肥利用率为40%～50%。

应用举例:北京市海淀区苏家坨村有一稻田,计划种植水稻,根据前三年水稻产量确定目标产量为500 kg,经区农科所化验土壤碱解氮为70.0 mg/kg,碳铵当季利用率为40%,校正系数为0.6,则全生育期需施碳铵69.1 kg/亩。施肥量计算过程如下:

$$施氮量=\frac{500\times(2.2/100)-70\times0.15\times0.6}{0.17\times0.40}=69.1(\text{kg}/亩)$$

②地力差减法。作物在不施任何肥料情况下的产量称"空白产量",它所吸收的养分全部来自于土壤,所以也叫"地力产量"。作物所吸收的养分来自于土壤和肥料两部分,"目标产量"减去"空白产

量”则为需要通过施肥来获得的产量，其肥料用量计算公式如下：

$$\text{肥料用量}=\frac{\dfrac{\text{作物单位产量}}{\text{养分吸收量}}\times(\text{目标产量}-\text{空白产量})}{\text{肥料中养分含量}\times\text{当季肥料利用率}}$$

“地力差减法”的优点是不需测定土壤速效养分含量，就可计算出肥料用量。但“空白产量”不可能预先获得；另外，“空白产量”也无法反映各种不同养分的丰缺状况。

(2)地力分区法

“地力分区法”是将土壤按肥力高低分成若干个等级，根据肥料田间试验成果，结合当地群众的实践经验，估算各肥力等级区的推荐施肥方案。通常以土壤速效养分测定结果或当地常年产量水平作为地力分区的依据。

(3)养分丰缺指标法

①土壤测试法。土壤有效养分含量和作物产量之间有一定的相关性，土壤养分含量高，不施肥时作物产量一般也高。以施足量某种肥料时获得了最高产量为100，计算不施某种养分时作物产量占最高产量的百分率(也叫相对产量)。相对产量高于95%，对应的土壤养分含量定为“高”；相对产量为75%～95%，对应的土壤养分测定值定为“中等”；相对产量为50%～75%，对应的土壤养分测定值定为“低”；相对产量低于50%，对应的土壤养分测定值定为“极低”。土壤养分丰缺指标通过大量田间试验和土壤养分测定获得，田间试验方案可设八个处理，分别是CK(空白)、N(施氮肥)、P(施磷肥)、K(施钾肥)、NP(施用氮磷肥)、NK(施用氮钾肥)、PK(施用磷钾肥)、NPK(施用氮磷钾肥)，氮磷钾肥的用量以当地最佳施肥量或平均施肥量为水平，试验点数越多所建立的丰缺指标越有代表性。

②植株诊断法。正常生长的植株体内各种养分的含量有一定

的范围,脱离了这一范围时,作物就表现出养分缺乏或中毒症状,这就是植株营养诊断的依据。

植株诊断的项目是多种多样的,从营养元素来说可以是作物必需的一种元素,也可是多种营养元素;从所诊断的养分状态来说,可以是植株体内某种养分的全部含量(如植株全氮含量),也可是某种状态养分的含量(如植株硝态氮)含量,关键是看哪一种状态的养分能更确切地反映出作物体内该元素的丰缺状况。

诊断指标通过田间和室内测试结果来确定,相对产量高于95%时所对应的植株养分含量测定值定为“高”;相对产量为75%~95%,所对应的测定值定为“中等”;相对产量为50%~75%,所对应的植株养分测定值定为“低”;相对产量低于50%,所对应的测定值定为“极低”。不同作物、不同诊断部位和同一作物的不同生长时期,植株诊断指标是有差别的,不同地区之间同一诊断指标也有差别。

植株营养诊断多采用单元素的含量作为诊断项目,DRIS法(Diagnosis and Recommendation Integrated System)则是综合考虑几种营养含量及相互平衡情况,建立养分平衡指数,确定施肥次序,以防止营养元素间的比例失调。具体做法是在作物生长期间大量取样分析植株中各养分含量,建立高产状况下植株中各养分含量及相互间比值的标准值,然后再根据公式计算出“养分平衡指数”作为施肥参考指标。当指数为0时表示养分平衡,可以不施或少施肥;当负指数越大时,养分需要强度较大,应多施肥;当正指数越大时,表示养分需要强度较小,可以不施肥。

(4)肥料效应函数法

施肥量和作物产量之间有一定的相关性,表示施肥量与作物产量之间关系的数学函数叫“肥料效应函数”(也叫“肥料效应方程”)。由于施肥量和产量之间的关系极为复杂,表示不同情况的“肥料效应函数”也分多种类形。根据试验肥料的元素种类,可把肥料效应方程分为一元二次多项式，二元二次多项式和三元二次多项式3种类型。肥料效应方程通过田间试验取得，具体做法是设计不同用量的施肥处理，通过田间试验获得不同施肥处理的作物产量，回归分析即可获得施肥量与产量之间的函数关系即肥料效应方程。

试验方案设计要求用较少的处理建立肥料效应方程，但处理数应大于肥料效应方程的系数个数，而且设计要均衡，有利于提高试验成功率。对试验数据进行统计分析，即可建立肥料效应议程，利用肥料效应方程可计算施肥量。

最高产量对应施肥量叫最高施肥量，根据微积分理论，最高施肥量是肥料效应函数的一阶导数等于零时的施肥量，效应函数为极大值。最高施肥量是肥料用量的极限值，超过该值施肥不增产甚至减产，生产中应注意不要使施肥量超过该数值。

最佳施肥量也称经济最佳施肥量，是指单位面积获得最大利润的施肥量。根据肥料报酬递减律，随着肥料用量的增加，单位肥料用量所增产的粮食量是不断下降的，即肥料报酬递减，经济效应将随着施肥量的增加而递减。只有当边际产值＝边际成本时才可获得最大经济利润。

2.区域施肥分区与肥料配方设计

区域测土配方施肥以土壤类型（土种）、土地利用方式和行政区划（村）的结合作为施肥指导单元，具体工作中可应用土壤图、土地利用现状图和行政区划图叠加求交生成施肥指导单元。应用最适合于当地实际情况的肥料用量推荐方式计算每一个施肥指导单元所需要的氮肥、磷肥、钾肥及微肥用量，根据氮、磷、钾的比例，结合当地肥料生产、销售、使用的实际情况为不同作物设计肥料配方，形成县域施肥分区图。

（1）施肥指导单元目标产量的确定及单元肥料配方设计

施肥指导单元目标产量确定可采用平均单产法或其他适合于

当地的计算方法。

根据每一个施肥指导单元氮、磷、钾及微量元素肥料的需要量设计肥料配方,设计配方时可只考虑氮、磷、钾的比例,暂不考虑微量元素肥料。在氮、磷、钾三元素中,可优先考虑磷、钾的比例设计肥料配方。

(2)区域肥料配方设计

区域肥料配方一般以县为单位设计,施肥指导单元肥料配方要做到科学性、实用性的统一,应该突出个性化,区域肥料配方在考虑科学性、实用性的基础上,还要兼顾企业生产供应的可行性,数量不宜太多。

区域肥料配方设计以施肥指导单元肥料配方为基础,应用相应的数学方法(如聚类分析)将大量的配方综合形成有限的几种配方。

设计配方时不仅要考虑农艺需要,还要综合考虑肥料生产厂家、销售商及农民用肥习惯等多种因素,确保设计的肥料配方不仅科学合理,还要切实可行。

(3)制作区域施肥分区图

区域肥料配方设计完成后,按照最大限度节省肥料的原则为每一个施肥指导单元推荐肥料配方,具有相同肥料配方的施肥指导单元即为同一个施肥分区。将施肥指导单元图根据肥料配方进行渲染后即形成了区域施肥分区图。

(4)肥料配方校验

在肥料配方区域内针对特定作物,进行肥料配方验证试验。

3.试验方案

在大田作物、主要蔬菜、主要果树上分别设 20～30 个肥料配方验证试验点,进行田间对比试验(图 5-1)。设置常规施肥对照区和测土配方施肥区两个处理,蔬菜果树测土配方施肥区是集成优化施肥,另外大田作物设一个不施肥的空白处理,其中大田作物

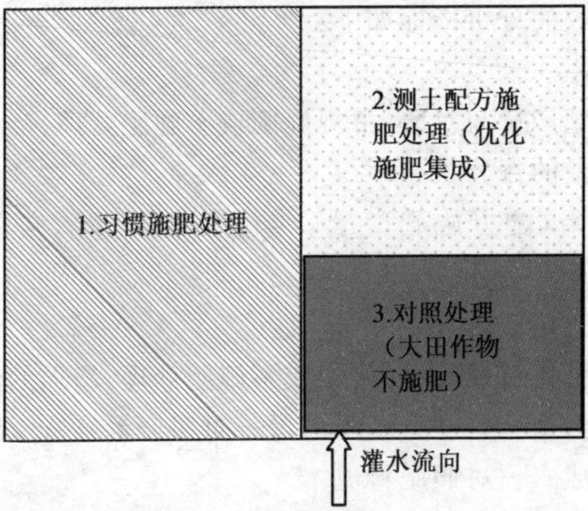

注：习惯施肥处理完全由农民按照当地习惯进行施肥管理；测土配方施肥处理只是按照试验要求改变施肥数量和方式，对照处理则不施任何化学肥料，其他管理与习惯处理相同。处理间要筑田埂及排、灌沟，单灌单排，禁止串排串灌。

图 5-1　肥料配方效验小区排列示意图

测土配方施肥、农民常规施肥处理面积不少于 200 m^2，空白对照(不施肥)处理不少于 30 m^2；蔬菜两个处理面积不少于 100 m^2；果树每个处理果树数不少于 25 株。其他参照一般肥料试验要求。通过田间效果试验，综合比较肥料投入、作物产量、经济效益、肥料利用率等指标，客观评价肥料配方施肥效益，为配方施肥技术参数的校正及进一步优化肥料配方提供依据。田间效果验证试验应包括规范的田间记录档案和试验报告，具体记录内容参见测土配方施肥田间效验结果汇总表。

4.结果分析与数据汇总

对于每一个试验点，可以利用两到三个处理之间产量、肥料成本、产值等方面的比较，从增产和增收等角度进行分析，同时也可以通过配方施肥产量结果与计划产量之间的比较，进行参数校验。

有关增产增收的分析指标如下：

①增产率。

配方施肥产量与对照(常规施肥或不施肥处理)产量的差值相对于对照产量的百分数。

增产率=(配方施肥产量－空白对照产量)/空白对照产量×100%

②增收。

配方施肥比对照(常规施肥或不施肥处理)增加的纯收益。

增收(元/亩)=(配方施肥产量－对照产量)×产品单价－(配方施肥肥料成本－对照肥料成本)

技能训练

常见化肥简易识别。

复习思考题

1. 肥料包括哪些种类?
2. 说出3种常用的肥料辨识方法。
3. 说明有机肥料与化肥的关系。
4. 确定肥料配方有哪些方法?

六、肥料的应用推广与评价

(一)肥料的贮存和运输

肥料产品应贮存于阴凉干燥处,在运输过程中应防潮、防晒、防破裂。

(二)农业推广基础知识

1.农业推广的原则

(1)因地制宜的原则

(2)试验示范的原则

(3)智力开发的原则

(4)合作推广的原则

(5)服务配套的原则

(6)综合效益的原则

2.农业推广的程序

(1)基本程序

试验、示范、推广

(2)步骤

从推广项目选定到推广工作基本完成总结的全过程一般可分为6个步骤:项目选择、小面积试验、成果与方法示范、培训与咨询服务、普及推广、结果评价。

3.农业推广方法

是指农业推广工作的一系列组织措施、服务手段和工作技巧。农业推广的方法很多,其分类方式有多种,但最常用的是基于推广对象的多寡即根据信息传播的方式不同进行分类,将农业推广方法分为3种类型。

(1)大众传播法

推广者将农业技术和信息经过选择、加工和整理,通过大众传播媒介传播给广大农民群众的推广方法。

优点:①传播的信息权威性高;②传播的信息数量大、速度快;③信息传播成本低、效率高。

缺点:信息传递方式是单向的,信息发出者无法与信息接受者面对面双向沟通,获得反馈信息少。

(2)集体指导法

又称群体指导法或团体指导法,指推广人员在同一时间、同一空间内,把具有相同或相似需要和问题的一些农民组织起来,采取小组会议、示范、培训、参观考察等方法,集中地对农民进行指导和传递信息的方法。

优点:①指导范围相对较大,推广效率较高;②易于双向沟通,信息反馈及时;③共同问题易于解决。

缺点:难以在短时间内满足每个人的特殊要求。

(3)个别指导法

推广人员和个别农民接触,讨论共同关心或感兴趣的问题,向农民提供信息和建议的推广方法。有农户访问、办公室访问、信函咨询、电话咨询、电脑服务等多种形式。

优点:针对性强,便于双向沟通,有利于推广人员直接得到反馈信息,了解真实情况,直接帮助农民解决问题。

缺点:信息发送量有限,服务范围窄,占有人力、物力多,费用高。

(三)肥料的质量及其检验

1.氮素化肥的质量标准

品种	外观颜色	酸碱性	有害物质含量(%)	产品等级					
				优等品		一等品		合格品	
				氮(N)≥(%)	水分≤(%)	氮(N)≥(%)	水分≤(%)	氮(N)≥(%)	水分≤(%)
碳酸氢铵(湿)	白色或浅色细结晶	弱碱性	—	17.2	3.0	17.1	3.5	16.8	5.0
碳酸氢铵(干)				—	—	—	—	17.5	0.5
尿素	半透明白色颗粒	中性	缩二脲含量 0.9～1.5	46.4	0.4	46.2	0.5	46.0	1.0
硝酸铵	白色或浅黄色颗粒	弱酸性	—	34.4	0.6	34.0	1.0	34.0	1.5
氯化铵(湿)	白色结晶体	弱酸性	钠含量 1.2～1.8(湿),0.8～1.4(干)	—	—	23.5	6	22.5	8.0
氯化铵(干)				25.4	0.5	25.0	1.0	25.0	1.4
硫酸铵	白色或淡黄色结晶体	弱酸性	—	21.0	0.2	21.0	0.3	20.5	1.0

2.磷素化肥的质量标准

品种	外观颜色	酸碱性	产品等级					
			优等品		一等品		合格品	
			P_2O_5 ≥(%)	水分≤(%)	P_2O_5 ≥(%)	水分≤(%)	P_2O_5 ≥(%)	水分≤(%)
过磷酸钙	深灰色、灰白色或淡黄色疏松粉状	酸性	18.0	12.0	16.0	14.0	12.0～14.0	14.0～15.0
重过磷酸钙	灰色或灰白色颗粒、粉状	酸性	47.0	3.5	44.0	4.0	40.0	5.0
钙镁磷肥	灰白色、灰绿色或灰黑色粉末或灰黄色	碱性	18.0	0.5	15.0	0.5	12.0	0.5
磷酸氢钙	灰白色或灰黄色粉状结晶	酸性	25.0	10.0	20.0	15.0	15.0	20.0

3.钾素化肥的质量标准

品种	外观颜色	酸碱性	产品等级					
			优等品		一等品		合格品	
			K_2O ≥(%)	水分 ≤(%)	K_2O ≥(%)	水分 ≤(%)	K_2O ≥(%)	水分 ≤(%)
氯化钾	白色或微红色结晶体、粉状	中性	60.0	6.0	57.0	6.0	54.0	6.0
硫酸钾	白色或带颜色细结晶	中性	50.0	1.0	45.0	3.0	33.0	5.0

4.复合肥料的质量标准

(1)复合肥料的质量标准

硝酸磷肥、磷酸一铵、磷酸二铵不同的生产工艺其氮、磷的含量有一定差别,因此,不同的工艺生产所执行的质量标准也不同。一般来说,硝酸磷肥氮磷总含量要求36%~40%(氮为25%~27%,磷为11%~13.5%),磷酸一铵氮磷总含量要求52%~64%(氮为9%~11%,磷为42%~52%),磷酸二铵氮磷总含量要求51%~64%(氮为13%~18%,磷为38%~46%)。农业磷酸二氢钾质量标准一等品含量应≥96.0%,氧化钾含量≥33.2%,水分≤4.0%;合格品含量应≥92.0%,氧化钾含量≥31.8%,水分≤5.0%,pH均在4.3~4.7。

(2)简易识别

①外观颜色。硝酸磷肥为浅灰色或乳白色颗粒,稍有吸湿性;磷酸铵为白色或浅灰色颗粒,吸湿性小,不易结块;磷酸二氢钾为白色或浅黄色结晶,吸湿性小。

②溶解性。硝酸磷肥部分溶于水,磷酸一铵绝大部分溶于水,磷酸二铵完全溶于水,磷酸二氢钾溶于水,但不溶于酒精。

③磷酸二氢钾在铁片上加热,熔解为透明液体,冷却后凝固成半透明的玻璃状物质。

执行标准:复合肥GB 15063—2009,磷酸一铵、磷酸二铵GB

10205—2009。

5. 复混肥料的质量标准

项目	指标(%)		
	高浓度	中浓度	低浓度
总养分($N+P_2O_5+K_2O$)≥	40.0	30.0	25.0
水溶性磷占有效磷百分率≥	60	50	40
水分(H_2O)≤	2.0	2.5	5.0
粒度(1.00～4.75 mm 或 3.35～5.60 mm)	90	90	80
氯离子≤	3.0		

6. 有机—无机复合肥料和有机肥料的质量标准

品种	Ⅰ类			Ⅱ类			酸碱度(pH)
	总无机养分($N+P_2O_5+K_2O$)≥(%)	有机质≥(%)	水分(H_2O)≤(%)	总无机养分($N+P_2O_5+K_2O$)≥(%)	有机质≥(%)	水分(H_2O)≤(%)	
有机—无机复混肥	15.0	20	12	25.0	15	12	5.5～8.0
有机肥料	5.0	45	30	—	—	—	5.5～8.0

7. 生物有机肥料的质量标准

项目	剂型	
	粉剂	颗粒
有效活菌数(cfu),亿/g	0.20	0.20
有机质(以干基计),%≥	25.0	5.0
水分,%≤	30.0	15.0
pH	5.5～8.5	5.5～8.5
粪大肠菌群数,个/g(mL)≤	100	
蛔虫卵死亡率,%≥	95	
有效期,月≥	6	

8.叶面肥料的质量标准

项目	大量元素叶面肥		微量元素叶面肥		含氨基酸叶面肥				含腐殖酸可溶性肥料			
	粉剂(%)	水剂(g/L)	粉剂(%)	水剂(g/L)	粉剂(%)		水剂(g/L)		粉剂(%)		水剂或膏剂(g/L)	
					发酵	水解	发酵	水解	Ⅰ	Ⅱ	营养型	抗旱型
$N+P_2O_5+K_2O \geq \%$	50.0	500.0	—	—					—	35.0	350.0	200.0
氨基酸含量≥	—	—	—	—	3.0	10.0	30.0	100.0	—	—	—	—
微量元素总量(Fe+B+Cu+Zn+Mo+Mn)≥	1.0	10.0	10.0	10.0	2.0		20.0		6.0	—	—	—
腐殖酸含量≥	—	—	—	—	—		—		8.0	5.0	30.0	40.0
水不溶物≤	5.0	50.0	5.0	5.0	50.0		50.0		5.0	5.0	50.0	50.0
pH(稀释250倍)≥	3.0	3.0	3.0	3.0	3.0		3.0		3.0	3.0	3.0	3.0
水分≤	10.0	—	10.0	—	10.0		—		10.0	10.0	—	—
有害元素≤(%)	砷(As以元素计)		0.002									
	铅(Pb以元素计)		0.01									
	锰(Mn以元素计)		0.002									
	铬(Cr以元素计)		0.003									
	汞(Hg以元素计)		0.000 5									

(四)肥料包装的识别

1.包装标识

(1)包装标识概念

在包装上用于识别肥料产品及其质量、数量、特征和使用方法所做的各种表示的通称。标识可以用文字、符号、图案以及其他说明物等表示。

(2)包装标识应标明的主要内容及要求

产品和包装标明的所有内容,不得以错误的引起误解的或欺骗性的方式描述或介绍产品。所有文字必须合乎规范的汉字，可以同时使用汉语拼音、少数民族文字或外文，但不得大于汉字，计量单位应当使用法定计量单位，并在包装上标明。

①产品名称：应当使用表明该产品真实属性的专用名称。应使用不会引起用户、消费者误解和混淆的常用名称，产品名称不允许添加带有不实、夸大性质的词语如“高效×××”、“×肥料王”、“全元素××肥料”等。

②标明“三证”：产品标准编号、生产许可证（适用于实施生产许可证管理的肥料如复混肥料等）和肥料登记证号。

③有效成分的名称和含量标识。

单一肥料的养分含量：应标明单一养分的百分含量，若加入中量元素、微量元素，应按两种类型分别标明各单养分含量及各自相应的总含量，不得将中量元素、微量元素含量与主要养分相加，微量元素含量低于0.2%或（和）中量元素含量低于2%的不作含量标明。

复混肥料（复合肥料）的养分含量：应标明N、P_2O_5、K_2O总养分的百分含量，总养分标明值应不低于配合式中单养分标明值之和，不得将其他元素或化合物计入总养分，应以配合式分别标明总氮、五氧化二磷、氧化钾的百分含量，如30%三元复混肥总养分配合式为（N-P_2O_5-K_2O）15-7-8，表示氮为15%，五氧化二磷7%，氧化钾为8%。25%二元复混肥总养分配合式为（N-P_2O_5-K_2O）15-0-10，表示氮为15%，五氧化二磷为0，氧化钾为10%。

中量元素肥料的养分含量：应分别单独标明中量元素养分含量及中量元素养分含量之和。若加入微量元素，可标明微量元素，不得将微量元素含量与中量元素相加。

微量元素肥料的养分含量：可分别标出各种微量元素的单一含量及微量元素养分含量之和。

④标明生产者名称和地址：必须标明经依法工商登记注册的，

能承担产品质量责任生产者的全称和详细地址。

⑤产品合格证、产品使用说明和生产日期。肥料产品应有企业自检的产品合格证(一般放在包装内),对产品应有安全有效的使用时期、使用量和使用方法及有关注意事项。对所产生的产品应有生产日期、生产批号。

2.通过外观鉴别真假肥料

(1)包装鉴别法

①检查标志:国家有关部门规定,化肥包装袋上必须注明产品名称、养分含量、等级、商标、净重、标准代号、厂名、厂址、生产许可证号标志。如果没有上述标志或标志不完整,则可能是假冒或劣质肥料。

②检查包装袋封口:对包装封口有明显拆封痕迹的化肥要特别注意,这种现象有可能掺假。

(2)形状、颜色鉴别法

①尿素为白色或淡黄色,呈颗粒状、针状或棱柱状结晶体,无粉末或少有粉末。

②硫酸铵除副产品外为白色晶体。

③氯化铵为白色或淡黄色结晶。

④碳酸氢铵呈白色颗粒状结晶,也有个别厂家生产大颗粒扁球状碳酸氢铵。

⑤过磷酸钙为灰白色或浅灰色粉末。

⑥重过磷酸钙为深灰色、灰白色颗粒或粉末。

⑦硫酸钾为白色晶体或粉末。

⑧氯化钾为白色或淡红色颗粒。

(3)气味鉴别法

如果有强烈刺鼻氨味的液体是氨水;有明显刺鼻氨味的颗粒是碳酸氢铵;有酸味的细粉是重过磷酸钙。如果过磷酸钙有很刺鼻的酸味,则说明生产过程中很可能使用了废硫酸。这种化肥有很大的毒性，极易损伤或烧死作物，尤其是水稻秧田不能用。需要提醒的是，有些化肥虽是真的，但含量很低，如劣质过磷酸钙，有效磷含量低于8%（最低标准应达12%），这些化肥属劣质化肥，肥效不大，购买时应请专业人员鉴定。

(五)肥料效益评价

详见《中华人民共和国农业行业标准》——《肥料效应鉴定田间试验技术规程(NY/T 497—2002)》。

复习思考题

1. 肥料的储存和运输中应注意哪些问题？
2. 农业推广的原则是什么？
3. 肥料包装的简易识别方法是什么？
4. 农业推广的方法有哪些？
5. 肥料质量标准有哪些？

复习思考题参考答案

一、复习思考题参考答案

1. 肥料配方师职业守则有哪些？

答：肥料配方师职业守则有：①敬业爱岗，忠于职守；②认真负责，实事求是；③勤奋好学，精益求精；④热情服务，遵纪守法；⑤规范操作，注意安全。

2. 作为肥料配方师应熟悉哪些相关的法律法规？

答：作为肥料配方师，应该熟悉并遵守《中华人民共和国农业法》、《中华人民共和国产品质量法》和《肥料登记管理办法》等相关的法律法规。

二、复习思考题参考答案

1. 请说出植物生长所必需的营养元素共多少种，分别是什么？

答：植物生长所必需的营养元素有：碳(C)、氢(H)、氧(O)、氮(N)、磷(P)、钾(K)、钙(Ca)、镁(Mg)、硫(S)、铁(F)、锰(Mn)、铜(Cu)、锌(Zn)、硼(B)、钼(Mo)、氯(Cl)共16种。

2. 什么是土壤肥力？

答：土壤在植物生长发育过程中，能够持续不断地供给和协调植物生长发育所需要的水分、养分、空气和热量等生活条件的能力叫土壤肥力。

3. 什么是土壤质地？

答：也叫土壤机械组成，是指各粒级土壤颗粒在土壤中多占的百分含量。

4. 什么是土壤孔隙度?

答:自然状态下,所有土壤孔隙体积占土壤总体积的百分数,叫作土壤(总)孔隙度(土壤孔度)。

5. 什么是土壤容重?

自然状态下,单位体积土壤(包括孔隙)的烘干土质量,叫土壤容重,单位:g/cm^3。

6. 什么是土壤阳离子交换量?

土壤阳离子交换量(CEC)是指土壤溶液中性时,土壤所能吸收的全部交换性阳离子的最大量,通常用每千克烘干土壤所能吸收的阳离子(按一价计算)的厘摩尔数表示。单位:cmol/kg(+)。

7. 什么是土壤吸收保肥性?

土壤能吸收保持某种固态、液态或气态物质的分子或离子的能力和性质,叫作土壤吸收保肥性能。

8. 什么是土壤供肥性能?

土壤供肥性是指土壤提供给植物生长发育所需养分的能力,主要由土壤养分含量和土壤中迟效态养分转化为速效性养分的速率构成。

9. 叙述沙质土、壤质土和黏质土的肥力特征。

答:(1)沙质土具有如下肥力特征:①沙质土砂粒含量高,黏粒含量低,因而大孔隙多,小孔隙少,但总孔隙度低。②沙质土通透性好,保蓄性差,空气含量高,水分含量低,易干旱,应注意灌溉。③沙质土矿物以原生矿物为主,故养分含量低,且保肥性能差,养分释放快而不易积累,施肥见效快,但肥效较短,应多施有机肥,且施肥次数要勤,每次施肥量要少。④沙质土温度变化幅度大,温度升降较快,因早春升温较快,而有“热性土”之称,但晚秋降温快,作物易发生冻害。⑤沙质土耕作性能好,易耕作,耕作质量好,且宜耕期长。⑥作物在沙质土上易扎根,前期出苗早、齐、全、壮,但由于后期养分供应不足而易早衰,故有“发小苗,不发老苗”之称。

⑦沙质土通透性能好,不易产生还原性毒害物质。

(2) 黏质土具有如下肥力特征:①黏质土黏粒含量高,砂粒含量低,因而小孔隙多,大孔隙少,但总孔隙度高。②黏质土通透性差,保蓄性强,空气含量低,水分含量高,易积水,易涝,干旱时易板结,应注意排水抗涝。③黏质土矿物以次生矿物为主,故养分含量高,且保肥性能好,养分释放慢而易积累,施肥少而不易见效,但肥效较长,应多施有机肥,且施肥次数要少,每次施肥量可适当增加。④黏质土温度变化幅度小,温度升降较慢,因早春升温较慢,而有"冷性土"之称。⑤黏质土耕作性能差,不易耕作,耕作质量差,且宜耕期短。⑥作物在黏质土上不易扎根,前期出苗晚、弱、不齐全,但由于后期养分供应充足而生长健壮,易贪青晚熟,故有"发老苗,不发小苗"之称。⑦黏质土通透性能差,易产生还原性毒害物质,应注意翻耕。

(3)壤质土具有如下肥力特征:壤质土兼有沙质土和黏质土的优点,而没有沙质土和黏质土的缺点,是土壤水分、养分、空气、热量和微生物状况协调,土壤肥力较高的理想土壤质地。①沙粒和黏粒含量适中,因而大孔隙和小孔隙比例协调,总孔隙度较高。②壤质土通透性好,保蓄性也好,空气含量和水分含量适宜,不易干旱,不易积水。③壤质土养分含量高,且保肥性能好,养分释放和积累协调,土壤供肥性能好。④壤质土温度变化幅度不大,土性温和。⑤壤质土耕作性能好,易耕作,耕作质量好,且宜耕期长。⑥作物在壤质土上易扎根,前期出苗早、齐、全、壮,而后期养分供应充足而生长健壮,故有"既发小苗,也发老苗"之称。⑦壤质土通透性能好,不易产生还原性毒害物质。

10.叙述土壤有机质在土壤肥力上的作用。

答:土壤有机质在土壤肥力上起着重要作用。

(1)在提供植物养分和土壤养分方面。土壤有机质可以提供植物所需多种营养元素;土壤有机质中腐殖酸通过酸性和螯合作用还可以活化土壤中部分养分，使之转化成有效养分；此外，土壤有机质还可以保护时入土壤中的肥料中部分有效成分不被土壤固定，从而提高化肥有效性。

(2)在改良土壤理化性质提高土壤肥力方面。土壤有机质可以促进土壤团粒结构形成，进而达到改良土壤质地的作用，改善土壤孔隙状况，协调土壤水、气、热状况，协调土壤供肥与保肥的矛盾；土壤有机质还可以提高土壤的保水性和保肥性；提高土壤对酸碱的缓冲性，改善土壤的氧化还原状况；此外，土壤有机质还可以改良土壤的不良耕作性。

(3)在其他方面，土壤有机质还可以为土壤微生物提供养分与能量，进而参与土壤中的物质转化；土壤有机质还可以降解土壤中某些重金属和农药残留等毒素，净化土壤；土壤有机质中腐殖酸还可以刺激植物生长；土壤有机质还可以提高作物的抗逆性；以及改善农产品品质。

11. 说出养分归还学说、最小养分律和米采利希学说(报酬递减律)等施肥基本原理的内容。

答：(1)养分归还学说的中心内容是：植物通过不同方式从土壤中吸收矿质养分，随着人们将植物收获物拿走，必然要从土壤中将这部分养分携带走，使土壤养分逐渐减少，连续种植会使土壤贫瘠，为了保持土壤肥力，提高植物产量，就必须把植物带走的矿质养分全部归还给土壤。

(2)最小养分律的中心内容是：植物为了生长发育需要吸收各种养分，但是决定植物产量的却是土壤中相对含量最小的有效养分的含量，植物产量也在一定限度内随着这个最小养分的含量的增减而相对地变化。

(3)报酬递减律的中心内容是：从一定土地上所得到的报酬随着向该土地投入的劳动和资本量的增大而有所增加，但随着投入的劳动和资本量的增加，单位投入所获得的报酬增加量却是在逐渐递减的。

(4)米采利希学说在其他各项技术条件相对稳定下,随着施肥量的增加作物产量也随之增加,但单位单位施肥量所获得的增产量却是逐步减少的。

三、复习思考题参考答案

1. 在田间采样应注意哪些问题?

答:在田间采样应注意:①采集样品必须具有代表性。②确定好采样时间,避开施肥、灌溉及降水。③根据采样地块的具体情况正确进行选点、布点;应避免在田边、路边、沟边、特殊的地形部位以及堆放肥料的地方采样。当发现土壤存在差异,如有盐碱斑,或作物生长不正常时,则就分别取样,以便单独进行分析和研究。④采用正确的采集方法和使用合理的采样工具。⑤正确填写采样记录和填写标签。⑥在样品采集的每个过程中都要特别注意防止酸、碱、气体、灰尘的污染,以及接触金属器而引起的样品污染。

2. 怎样才能采集一个有代表性的混合样品?

答:田间取样首先遵从的原则,尽可能使所采样品能最大限度地反映其所代表区域田块的实际状况,确定田间取样的时间,一般土壤肥力情况分析样品确定在未施肥的晚秋或早春采样。

其次根据土壤的不均一性特点,诸如地形变化、侵蚀状况、施肥措施以及人为活动对土壤产生的影响,在田间进行选点与布点,可选用:①对角线采样法(田块面积较小,接近方形,地势平坦,肥力较均匀的田块可用此法,取样点不少于 5 个)。②棋盘式采样法(面积中等,形状方整,地势较平坦,而肥力不太均匀的大田块宜采用此法,取样点不少于 10 个)。③蛇形采样法(适用于面积较大,地势不太平坦,肥力不均匀的田块。按此法采样,在田间是曲折前进来分布样点,至于曲折的次数则依田块的长度、样点密度而有变化,一般在 3～7 次)选点和布点。应避免在田边、路边、沟边、特殊的地形部位以及堆放肥料的地方采样。当发现土壤存在差异，如有盐碱斑，或作物生长不正常时，则就分别取样，以便单独进行分析和研究。

(3)正确选择采用工具进行土壤样品采集与缩分。

(4)样品采集后应立即将土样装袋(布袋或聚乙烯袋)，并在袋内外各放一个标签，上面用铅笔写明编号、采集地点、地形、土壤名称、时间、深度、采集人等。

3. 为什么要测定吸湿水含量?

答：经风干处理后的土壤含有吸湿水，而土壤样品中吸湿水含量随空气相对湿度的变化而变化；另外，土壤质地不同，吸湿水含量也存在差异。换句话说，风干土壤质量是不断在变化的，也即同等质量的烘干土样品，在不同环境条件中，其质量是不同的。因此，在一般土壤分析工作中，测定结果的计算都不以风干土质量为基数，而是以烘干土质量为基数。而分析时一般都用风干土样，故土样分析(全氮量和有机质含量等全量养分测定)前必须先测定吸湿水含量，以便把风干土质量换算成烘干土质量。

4. 说明前苏联卡庆斯基土壤质地标准。

答：前苏联卡庆斯基土壤质地分类标准将土壤质地分为 3 个大类，即沙质土(松沙土和紧沙土)、壤质土(沙壤土、轻壤土、中壤土和重壤土)及黏质土(轻黏土、中黏土和重黏土)9 个小类。在不同土壤类型中采用不同的标准，其中，灰化土类(松沙土、紧沙土、沙壤土、轻壤土、中壤土、重壤土、轻黏土、中黏土、重黏土)物理性黏粒(粒径≤0.01 mm)含量分别为 0～5%、5%～10%、10%～20%、20%～30%、30%～40%、40%～50%、50%～65%、65%～80%、80%～100%；草原土及红黄壤类物理性黏粒含量分别为 0～5%、5%～10%、10%～20%、20%～30%、30%～45%、45%～60%、60%～75%、75%～85%、85%～100%；碱化土及碱土类物理性黏粒含量分别为 0～5%、5%～10%、10%～15%、15%～

20%、20%～30%、30%～40%、40%～50%、50%～65%、65%～100%。

四、复习思考题参考答案

如何进行肥料田间试验?

答:肥料效应田间试验是获得各种作物最佳施肥品种、施肥比例、施肥数量、施肥时期、施肥方法的根本途径,也是筛选、验证土壤养分测试方法、建立施肥指标体系的基本环节。通过田间试验,掌握各个施肥单元不同作物优化施肥数量,基、追肥分配比例,施肥时期和施肥方法;摸清土壤养分校正系数、土壤供肥能力、不同作物养分吸收量和肥料利用率等基本参数;构建作物施肥模型,为施肥分区和肥料配方设计提供依据。

(1)进行肥料田间试验首先应确定试验目的,然后根据试验目的选择合理的试验方案。

(2)肥料试验的实施。①试验地应选择平坦、整齐、肥力均匀,具有代表性的不同肥力水平的地块;坡地应选择坡度平缓、肥力差异较小的田块;试验地应避开道路、堆肥场所及院、林遮阴阳光不充足等特殊地块。同一田块不能连续布置试验。②选择试验作物品种(大田作物、蔬菜或果树)。③进行试验准备。整地、设置保护行、试验地区划;小区应单灌单排,避免串灌串排;试验前采集土壤样品;依测试项目不同,分别制备新鲜或风干土样。④试验重复与小区排列。为保证试验精度,减少人为因素、土壤肥力和气候因素的影响,田间试验一般设3～4个重复(或区组)。采用随机区组排列,区组内土壤、地形等条件应相对一致,区组间允许有差异。同一生长季、同一作物、同类试验在10个以上时可采用多点无重复设计。小区面积:大田作物小区面积一般为20～50 m^2,密植作物可小些,中耕作物可大些;小区宽度:密植作物不小于3 m,中耕作物不小于4 m。⑤试验记载与测试。参照肥料效应鉴定田间试验技术规程(NY/T 497—2002)执行,试验前采集基础土样进行测定,收获期采集植株样品,进行考种和生物与经济产量测定。必要时进行植株分析,每个区域每种作物应按高、中、低肥力分别各取不少于1组3414试验中1、2、4、8、6处理的植株样品;有条件的地区,采集3414试验中所有处理的植株样品。

(3)试验统计分析。常规试验和回归试验的统计分析方法参见肥料效应鉴定田间试验技术规程(NY/T 497)或其他专业书籍。

五、复习思考题参考答案

1.肥料包括哪些种类?

答:肥料可分为:有机肥料、化学肥料、微生物肥料和新型肥料(如包膜缓释肥等)。其中有机肥料包括传统的有机肥料如人粪尿与禽畜粪便、堆肥、草炭等,也包括:利用有机废弃物经过工厂化加工生产的商品有机肥料,以及生物有机肥和有机无机混合肥料;化学肥料包括:氮肥、磷肥、钾肥、钙镁肥、硫肥、微量元素肥料、复混肥料、液体肥料。

2.说出3种常用的肥料辨识方法。

答:(1)尿素。尿素外观为白色,球状颗粒,总氮含量≥46.0%,容易吸湿,吸湿性介于硫酸铵和硝酸铵之间。尿素宜溶于水和液氨中,纯尿素在常压下加热到接近熔点时,开始显现不稳定性,产生缩合反应,生成缩二脲,对作物失去肥效。如在炉子上放一块干净的铁片,将尿素颗粒放在上面,可见尿素很快熔化并挥发掉,同时。冒出少量白烟,闻到氨味。

(2)硫酸铵。农业用硫酸铵为白色或浅色副产品带微黄或灰色的结晶,氮含量≥20.8%(Ⅱ级品)。硫酸铵易吸潮,易溶于水,水溶液呈酸性,与碱类物质作用放出氨气。当硫酸铵放在火上加热时,可见到缓慢地熔化,并伴有氨味和二氧化硫味放出。

(3)硝酸铵。硝酸铵外观为白色,无肉眼可见的杂质,农业品允许带微黄色。总氮含量≥34.4%(Ⅱ级)。硝酸铵具有很强的吸湿性和结块性,其水溶液在温度发生变化时,会发生重结晶现象,对热的作用十分敏感,大量的硝酸铵受热易分解,可发生燃烧现象(避免引起爆炸),并伴有白烟产生,可闻到氨气味,水溶液呈酸性。

(4)氯化铵。氯化铵为白色晶体,农业品允许带微黄色,氮含量为22.5%~25%,易溶于水,在水中溶解度随温度升高而显著提高,水溶液呈酸性。氯化铵吸水性强,易结块,将少量氯化铵放在火上加热,可闻到强烈的刺激性气味,并伴有白色烟雾,氯化铵会迅速熔化并全部消失,在熔化的过程中可见到未熔部分呈黄色。

(5)农业用碳酸氢铵。外观为白色或微灰色结晶,有氨味,氮含量≥16.80%(Ⅱ级)。吸湿性强,易溶于水,水溶液呈弱酸性。简易鉴别碳酸氢铵时,可用手指拿少量样品进行摩擦,即可闻到较强的氨味。

(6)过磷酸钙。外观为深灰色、灰白色、浅黄色等,疏松粉状物,块状物中有许多细小的气孔,俗称"蜂窝眼"。有效五氧化二磷含量≥12.0%(合格品Ⅱ)。稍带酸味,是一种酸性化学肥料,对碱的作用敏感,易失去肥效。一部分能溶于水,水溶液呈酸性。一般情况下吸湿性较小,如空气湿度达到80%以上时有吸湿现象,结成硬块。加热时不稳定,可见其微冒烟,并有酸味。

(7)钙镁磷肥。外观为灰白色、灰绿色或灰黑色粉末,看起来极细,在阳光的照射下,一般可见到粉碎的、类似玻璃体的物体存在,闪闪发光。五氧化二磷含量≥12.0%(合格品)。不溶于水,不易流失,不吸潮,无毒性,无腐蚀性,在火上加热时,看不出变化。

(8)复混肥料。外观应是灰褐色或灰白色颗粒状产品,无可见机械杂质存在。有的复混肥料中伴有粉碎不完全的尿素白色颗粒结晶,或在复混肥料中尿素以整粒的结晶单独存在。低浓度复混肥总养分≥25%,中浓度复混肥总养分≥30%,高浓度复混肥总养分≥40%,其中单一养分含量不得低于4%。复混肥稍有吸湿性,吸潮后复混肥颗粒易粉碎,无毒、无味、无腐蚀性,仅能部分溶于水。常用复混肥料在火焰上加热时,可见到白烟产生,并可闻到氨的气味,不能全部熔化。

(9)农业用硫酸锌。外观为白色或微带颜色的针状结晶。七水硫酸锌的锌含量应≥21.8%。硫酸锌易溶于水,其水溶液显酸性。

(10)磷酸二氢钾。外观为白色结晶。农业用磷酸二氢钾含量应92.0%(以干基计)。磷酸二氢钾易溶于水,水溶液呈酸性。

(以上10种肥料简易鉴别法中选出3种或根据要求选择对应的3种肥料简易鉴别法即可)

3.说明有机肥料与化肥的关系。

答:(1)有机肥料和化肥的相互补充。

a.化肥养分含量高,养分种类单一;而有机肥料养分种类齐全,但养分含量较低。化肥给作物需要较多的养分提供了保证,而有机肥料给作物全面营养提供了保证,尤其是在微量营养元素方面更为突出。两者配合施用,既有利于土壤养分的平衡,又能比较全面地满足了作物对养分的需求。

b.化肥养分多为速效态,肥效发挥较快,但肥效短,后劲不足;而有机肥料养分多为缓效态,虽然肥效发挥较慢,但肥效较长,后劲足,更利于作物后期生长。化肥与有机肥料配合施用,可以使肥效缓急相济,既满足了作物当前对养分的需要,又保证了作物生长后期对养分的需求。

c.化肥不含有机质,不仅不能起到改良土壤结构的作用,相反,长期单一使用化肥还会造成土壤板结,破坏土壤结构;而有机肥料含有大量的有机质,既可以给作物提供营养,又能起到改良土壤理化性质的作用,弥补了化肥的缺陷。有机肥料还含有大量的有益微生物,能促进土壤中物质的转化,起到了化肥不能起到的作用。

d.多数化肥有酸碱反应,而有机肥料具有较强的酸碱缓冲能力,可以缓解使用化肥给土壤局部造成的酸碱变化。

e.施用化肥成本较高,但较为清洁,储存、运输和施用更便捷;有机肥料体积庞大,来源广泛,生产成本低,储存、运输和施用耗费人力和物力较多,且传统方法积制的有机肥料脏、臭。两者配合施用,可以相互抵消,将生产成本控制在相对较低的水平。

(2)有机肥料和化肥的相互促进。

a.化肥中提供的充足养分调节了有机肥料中的养分比例,更好地满足了土壤微生物的需求,从而加快了有机肥料的转化,促进了有机肥料肥效的发挥。

b.有机肥料中所含的大量的腐殖质,可以较好地保护化肥中的养分不被土壤固定,促进了化肥肥效提高,使化肥的利用率有较大幅度的提高。有机肥料中的腐殖质,含有大量的活性基团,可以和许多金属阳离子形成稳定的配位化合物,使化肥中的磷素固定几率下降。有机肥料中的腐殖质,有强度大的吸附能力,将化肥中的 K^+、NH_4^+ 牢固地吸附在有机肥料中,减少了 K^+、NH_4^+ 的随水流失和土壤晶格固定。

总之,从化肥和有机肥料的特点不难看出,化肥和有机肥料是两种性质不同的肥料,它们所起到的作用不能相互替代的,有机肥料和化肥配合施用,可以相互补充,缓急相济,又可以相互促进两者的肥效发挥,既提高了农产品的产量和品质,同时,又起到了培肥土壤和改良土壤、提高土壤肥力的作用;既降低了生产成本,获得了较好的经济效益,同时也促进了有机废弃物的循环利用,产生了良好的环境效应。因此,在农业生产中,应大力提倡化肥和有机肥料配合施用。

4.确定肥料配方有哪些方法?

答:确定肥料的配方及合理用量的方法多种多样,从便于生产

参考文献

[1] [illegible]

[2] [illegible]

[3] [illegible]

[4] [illegible]

[5] [illegible]

[6] [illegible]